徹底解説
核燃料物質輸送

－基礎から実務まで－

監修　著

憲成治　　進　　誠澄紀
正宏秀　　　　　真博
冨倉　　　　　　英毅
有木
高橋
高尾
広瀬
亘
溝渕
高月

まえがき

　軽水炉が定着して六ヶ所村を中心とする核燃料サイクルの構築に伴い、核燃料の原材料、中間製品、新燃料集合体、使用済燃料、放射性廃棄物などの核燃料物質が輸送されてきた。福島第一原子力発電所の事故後、わが国の原子力発電所はすべて運転が停止されたが、低レベル放射性廃棄物を中心として輸送は継続されていた。その後、原子力規制委員会の定めた新規制基準に適合する改修工事が完了し、地元の理解が得られた原子力発電所は再稼働されている。

　一般に、核燃料物質は公衆と近接する公道や公海上を輸送されるため、安全性の確保の面で原子力発電所において採られている離隔という概念は適用できない。そのため、核燃料物質の輸送の安全性を確立するために、輸送独自の規制や技術基準などが策定されている。また、核燃料物質は国際間でも輸送されるため、各国間での規則や技術基準の不整合を防ぐことは重要な課題となり、国際原子力機関（IAEA）において「放射性物質安全輸送規則」が定められている。わが国においても、この「放射性物質安全輸送規則」を取り入れた放射性物質の安全輸送に関する規則や技術基準が定められている。このような背景から、「核燃料物質等の安全輸送の基礎」を内野克彦氏、志村重孝氏と私が執筆し 2007 年 2 月 22 日に株式会社 ERC 出版から出版した。その後、IAEA の「放射性物質安全輸送規則」の大幅な改正に伴い、継続性を鑑み、次の世代を担える研究者と技術者に依頼して改訂版を作成して 2013 年 3 月 15 日に出版した。

　IAEA の「放射性物質安全輸送規則」2018 年版が、使用済燃料の貯蔵後輸送や大型表面汚染物輸送などの新しい概念を取り入れる大幅な改定がなされ、国内法令に反映された。また、輸送の核セキュリティも強化されてきている。そこで、「核燃料物質の安全輸送の基礎」を引き継ぎ、核燃料物質の安全輸送を担う次の世代に役立つ出版物を作成することを企画して本書として取りまとめた。出版に当たっては、株式会社 ERC 出版の長田高社長のご尽力の賜物であり、深く謝意を表する次第である。　　　　　　　　　　　　　　　　2022 年 10 月

　　　　国立大学法人東京工業大学名誉教授

　　　　　一般社団法人先端技術・人材育成開発機構代表理事　　有冨正憲

目次

核燃料物質輸送の基礎　第1章

核燃料サイクルと輸送　第2章

放射性輸送物の安全輸送のための分類　第3章

放射性物質の安全輸送のための技術基準　第4章

安全輸送のための法体系　第5章

核燃料輸送物の安全解析　第6章

安全輸送のための輸送方法　第7章

検査　第8章

品質マネジメントシステム　第 9 章

第 1 章
核燃料物質輸送の基礎

1.1　原子と原子核

(1)　原子の構造

　天然に存在する物質は、一番軽い水素から最も重いウランまで 92 種類の元素（原子番号が同じである原子の種類）からできている。ウランよりさらに重い元素が人工的に作られ、現在は 294 番のウンウンオクチウム（^{294}Uuo）まで発見されている。元素のそれぞれの特性を失わない最小微粒子を原子といい、その大きさは 10^{-8}cm 程度である。原子は、図 1−1 に示すとおり中心に原子核があり、周囲を負の電気を帯びた電子（軌道電子）が回っている。

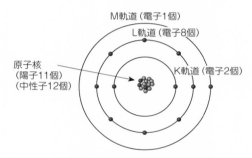

図1−1　$^{23}_{11}$Naの原子構造

(2)　原子核

　原子核は、正の電気を帯びた陽子（質量が電子の約 1840 倍）及び電気的に中性な中性子からできていて、陽子の数は軌道電子の数と等しく、原子は全体として電気的に中性である。陽子の数を原子番号（元素の順位を表す）と呼び、Z で表し、中性子の数 N との和を質量数 A として、次のように表記する。

$$\substack{\text{質量数A=N+Z} \\ \text{原子数}} \text{元素} \qquad [\text{例}] \qquad ^{235}_{92}\text{U}$$

　原子番号は原子の化学的性質を決定し、原子核の性質は質量数が重要な値となる。このことは、元素記号を書けばその原子番号は自動的に決まってしまうので、原子番号は記入しない場合が多い。

　　　陽子の質量　　　1.6726×10^{-24} g

　　　中性子の質量　　1.6749×10^{-24} g

電子の質量　　9.1093 × 10^{-28} g（陽子の約 1/1840）

　電子は、原子核を中心に正確な円運動をしているわけではなく、非常に複雑に近づいたり離れたりしていて、コース及びスピードは決まっていない。直径が 1 億分の 1 cm、すなわち 10^{-8}cm（1Å = 1 オングストローム）のあたりが最も多い電子軌道となり、これが原子の大きさである。

　仮に、野球場を原子の大きさとすれば、ピッチャーズマウンドに置いたサクランボが原子核の大きさである。内部は単なる空間ではなく、電子の運動によって生じた強い電場であり磁場となっている。このため、スピードのある小さい粒子でなければ通り抜けることはできない。

（3）同位元素

　原子番号が等しくて質量数が異なるものを同位元素（アイソトープ）という。言い換えると、陽子数が同じ（化学的性質が同じ）で中性子数が異なる核種（特定の原子番号、質量数、エネルギー状態を持ったものを 1 つの核種という）をその元素の同位元素という。

　例えば、ウランは、陽子の数は 92 であるが、中性子の数が 138、140、141、142、143、144、146 と異なるウラン原子がある。

　　ウラン:　　$^{230}_{92}$U、$^{231}_{92}$U、$^{232}_{92}$U、$^{233}_{92}$U、$^{234}_{92}$U、$^{235}_{92}$U、$^{236}_{92}$U、$^{237}_{92}$U、$^{238}_{92}$U、…

　　同様に

　　コバルト:　　$^{54}_{27}$Co、$^{55}_{27}$Co、$^{56}_{27}$Co、$^{57}_{27}$Co、$^{58}_{27}$Co、$^{59}_{27}$Co、$^{60}_{27}$Co、…

　原子番号が小さい原子では、図 1 − 2 に示すように陽子と中性子の数がほぼ等しく、原子番号が大きくなるに従って陽子より中性子の数が多くなる。これは、原子番号が大きくなると原子核内の正の電荷を持った陽子数が増え、電気的反発力（クーロン力）により分解しようとするが、中性子の数が多くなることにより、核力（原子核の直径程度の近距離のみ作用する核子間の力）が増し、分解することを防いでいるためである。最も重いウランでは中性子の数は陽子の約 1.6 倍である。天然に安定な形で存在する原子は、原子番号のほぼ 2 倍の質量数を持っているもので、原子番号に比べて質量数が 2 倍以上になると不安定な原子となる。安定でなく、放射線を出す同位元素を放射性同位元素（ラジオアイソトープ）という。

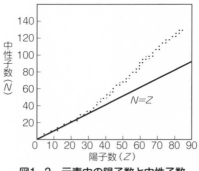

図1−2 元素中の陽子数と中性子数

1.2 放射線と放射能

(1) 放射線の種類と特徴

原子力基本法によれば、放射線とは、電磁波又は粒子線のうち、直接又は間接に空気を電離する能力を持つもので、「α線、重陽子線、陽子線、重荷電粒子線、β線、中性子線、γ線、X線をいう」と定義されているが、本書では放射性物質輸送に関係するα線、β線、γ線、中性子線について触れる。

① α（アルファ）線

α線は、原子核内で陽子2個と中性子2個がヘリウムの原子核と同じ30MeV[※1] という強い結合力で結びつけられた1つの粒子の状態で、原子核外に飛び出したものである（α崩壊）。

原子核内の陽子及び中性子は、原子核の直径程度の近距離に近づくと作用する核力で強く結びついているが、同時に陽子は正の電荷を持っているため電気的な反発力（クーロン力）も働く。原子番号の大きな原子では陽子数が多くなり、近距離のみ働く核力よりも反発力が大きくなるのでα崩壊しやすい。天然には、92のウランより原子番号の高い原子が存在しないのはこの

※1 エレクトロンボルト（eV）:原子、原子核の持つエネルギーや電子、素粒子等の運動エネルギー、質量と同等なエネルギー等を表すのに用いられるエネルギーの単位である。1eVとは、電子が1ボルトの電位差の間で加速されて得るエネルギーと同じエネルギー量をいう。
1 eV = 1V（ボルト）× 1.6022 × 10^{-19}C（クーロン）= 1.6022 × 10^{-19}J（ジュール）
クーロン：1アンペアの電流が1秒間に運ぶ電気量。1MeV = 10^{6}eV。

ためである。α 崩壊する代表的な核種にラジウム $^{226}_{88}$Ra があり、α 線を放出してラドン $^{222}_{86}$Rn になる。

$$^{226}_{88}\text{Ra} \rightarrow {}^{222}_{86}\text{Rn} + \alpha \text{ 線}({}^{4}_{2}\text{He})$$

α 線のエネルギーは線スペクトルを呈し、空気中の飛程は数 cm で、他の原子と衝突するとイオンに変えたり（電離作用）、エネルギーを与えたり（励起作用）してエネルギーを消耗する。α 線は紙 1 枚程度の厚さで止められる。

② β（ベータ）線

β 線は原子核から発生する電子である。原子核は、核内の陽子数と中性子数とが一定の比率でバランスしているとき安定で、その安定な状態に対して中性子数が著しく過不足となるとき不安定になる。

中性子が過剰の場合は、中性子（n）が陽子（p）に壊変して安定になろうとする。その際電子 e^-（β 線）とニュートリノ（ν）[※2] を放出する。これを $β^-$ 崩壊と呼んでいる。

$$n \rightarrow p + e^- + \nu$$

$β^-$ 崩壊の 1 例に ^{14}C がある。

$$^{14}\text{C} \rightarrow {}^{14}\text{N} + e^- (\beta^-) + \nu$$

ニュートリノは電気的に中性で、質量がほとんどゼロの粒子である。

また、原子核には中性子が不足ぎみのものもある。この場合は、陽子が中性子に壊変する。これを陽電子（$β^+$）崩壊と呼んでいる。

$β^+$ 崩壊の一例に ^{18}F があり、陽電子を放出して ^{18}O に変化する。

$$^{18}\text{F} \rightarrow {}^{18}\text{O} + e^+ (\beta^+) + \nu$$

$β^-$ 崩壊では原子核の原子番号は Z ＋ 1 に増大するが、$β^+$ 崩壊では Z － 1 に減少する。質量数 A はいずれの場合も変化しない。

中性子不足型の核種のみに起こる軌道電子捕獲という崩壊がある。これは、原子核内の陽子数が多過ぎるが $β^+$ 崩壊せず、陽子が主として軌道電子（原子核に最も近い軌道）を捕獲して中性子に変化する現象で、

$$p + e^- \rightarrow n + \nu$$

※2　この項（②）では、記号 ν はニュートリノを表す。

である。原子番号は 1 だけ少なくなるが質量数は変わらない。

電子捕獲を起こす核種には ^{57}Co がある。

$$^{57}\text{Co} + e^- \rightarrow {}^{57}\text{Fe} + \nu$$

α 線はエネルギーが一定の線スペクトルであるのに対し、β 線のエネルギーは図 1 − 3 に例示するように連続スペクトルである。

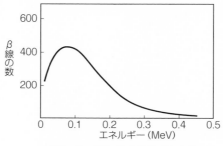

図1−3　^{59}Fe の β 線スペクトル

③ γ （ガンマ）線

原子核から α 線や β 線が放出されると、その原子核はエネルギーの高い励起状態にある余分なエネルギーを γ 線として放出し安定な状態となる。したがって、γ 線単独では放出されず、α 崩壊、β 崩壊や核反応によって生成された原子核から放出される。また、陰陽電子が結合して質量が消滅し γ 線（消滅 γ 線）となる場合もある。γ 線は電磁波の一種で電磁放射線と呼ばれ、それぞれある振動数を有している。エネルギー E はその振動数（ν）[3] に正比例する。

$$\text{E} = h\nu$$

ここで、h はプランクの定数と呼ばれ、h $=6.626 \times 10^{-34}$ J·s [4] である。エネルギーは、h ν を単位としてその整数倍だけが授受され、ν が大きい（波長の短い）放射ほどエネルギーが大きい。γ 線を放出する代表的核種 ^{60}Co は図 1 − 4 に示すとおり β 崩壊で 0.318MeV の β 線を放出し、励起状態の ^{60}Ni に変わり、直ちに 1.17MeV と 1.33MeV の γ 線を放出して基底状態と

※3　この項（③）では、記号 ν は振動数を表す。
※4　J（ジュール）：1N（ニュートン、質量 1kg の物体に作用して 1m/sec^2 の加速度を生じさせる力）の力が物体に作用してその方向に 1m だけ動かす間にその力がなす仕事。1J$=$1kgm^2/sec^2 である。

第 1 章　核燃料物質輸送の基礎 ● 7

なる。

　γ 線が物質中を通る時に強度が弱くな
る理由は次の 2 つである。

　第 1 は、距離による減弱であり距離の 2
乗に反比例する。

　第 2 は物質との相互作用による減衰で、
主なものは次の 3 種類である。

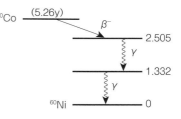

図1-4　^{60}Coの崩壊図

1）光電効果：γ 線が軌道電子にエネルギーを与えて原子をイオン化し、
　　電子を放出する。

2）コンプトン散乱：γ 線が物質中の軌道電子に衝突してエネルギーの小
　　さい（振動数の少ない）γ 線となって散乱する。そのとき電子も反跳
　　され運動エネルギーを得る。軌道電子が反跳された結果、その原子は
　　イオン化する。

3）電子対生成：γ 線が原子核の近くを通過するとき陰陽の電子対を作り、
　　自ら消滅する。これは γ 線のエネルギーが 1.02MeV 以上のときのみ
　　起こる。

　これは、γ 線のエネルギーを h ν、電子の静止エネルギーを m_oC^2、電
子対生成によって生じた電子の運動エネルギーを E^+、E^- とすると、質量保
存則より

　　$E^+ + E^- = h \nu - 2 m_oC^2$

になる。これは、γ 線のエネルギーが電子の質量（静止エネルギー）と電子
の運動エネルギーになるということである。したがって、電子の静止エネル
ギー（$m_oC^2 = 0.51MeV$）の 2 倍（陰陽の電子）＝ 1.02MeV より高くない
と起こらない。

④ 中性子線

　$^{7}_{3}$Li の原子核に高エネルギーの陽子を衝突させたり、$^{9}_{4}$Be に α 線を当て
ると次のような反応をする。

　　$^{7}_{3}$Li ＋ $^{1}_{1}$P → $^{7}_{4}$Be ＋ $^{1}_{1}$n　　　　$^{9}_{4}$Be ＋ $^{4}_{2}\alpha$ → $^{12}_{6}$C ＋ $^{1}_{0}$n

　そして中性子（n）が発生する。また、中性子は核反応によっても放出される。

核反応には、核分裂と自発核分裂がある。^{235}U に速度の遅い中性子（熱中性子 0.1eV 以下）が入射すると核分裂を起こす。

$$^{235}_{92}\text{U} + ^{1}_{0}\text{n} \rightarrow \ ^{A}_{a}\text{X} + ^{B}_{b}\text{Y} + (2\sim3)\ ^{1}_{0}\text{n}$$

この際２〜３個の高速の中性子（0.1 〜 10MeV）が発生する。

自発核分裂を起こす原子核としては ^{252}Cf がある。自発核分裂とは外部からエネルギーを与えなくとも自然に核分裂が起こることである。

中性子は半減期 10 〜 20 分（平均寿命 16.8 分）で β 崩壊して陽子となるが、電気的に中性であるため物質を透過する性質が大きく、原子核との衝突によってエネルギーを失う。

高速中性子と原子核との相互作用としては次のものがある。

1) 弾性散乱：中性子のエネルギーが約 1MeV 以下では、図１−５に示すとおり原子核と単に衝突を起こしてエネルギーを失っていくもので、散乱の前後において全運動エネルギーは変化しない（エネルギー保存法則が成り立つ）。標的原子核の質量が大きいと、中性子は方向が変わるのみで、エネルギーはほとんど低下しない。したがって、中性子の遮蔽材としては質量数の小さい物質、水、パラフィン等が良い。

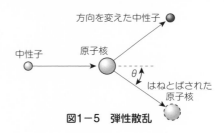

図1−5　弾性散乱

2) 非弾性散乱：高いエネルギーの中性子は原子核と衝突し、図１−６に示すとおり、そのエネルギーの一部が標的原子核を励起することによって失われ、余分なエネルギーを受けた原子核（励起された原子核）は γ 線を放出して安定する。

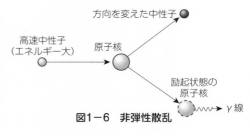

図1−6　非弾性散乱

3) 中性子捕獲：中性子のエネルギーが小さくなると、原子核に吸収される。
吸収した原子核は、過剰なエネルギーを γ 線として放出する。中性子
を捕獲した原子は、質量数が 1 だけ増すが原子番号は変わらない。

$$^{59}_{27}\text{Co} + ^{1}_{0}\text{n} \rightarrow ^{60}_{27}\text{Co} + \gamma$$

中性子捕獲により原子は放射性になる。

(2) 放射能

放射能とは、ある原子が放射線を放出する能力のことをいう。また、定義
によれば、単位時間当たりに壊変する原子核の数（壊変数／秒）を放射能と
いい、その単位はベクレル（Bq）である。すなわち、Bq ＝壊変数／秒であ
る。したがって、放射能で汚染しているというのは正しくない。放射性物質
で汚染しているというべきである。また、かつて原子力船 "むつ" が放射能
洩れを起こしたと言われたが、これも放射線洩れというべきである。

ある原子が放射線を出して他の原子に壊変していく割合は、存在する原子
の数（N）に比例する。いま、N 個の原子のうち、微少時間 dt 秒間に dN
個が壊変するとすれば、壊変の速さは dN ／ dt である。最初の原子の数 N
個にする割合、dN ／ dt ／ N は一定で減少していく。その定数 λ （λ は壊
変定数又は崩壊定数）を用いると、

$$\frac{1}{N} \frac{dN}{dt} = -\lambda \tag{1.1}$$

「変数分離法」を用いて

$$\frac{1}{N} dN = -\lambda\, dt \tag{1.2}$$

式（1.2）の両辺を積分すると、

$$\int \frac{1}{N} dN = \int -\lambda\, dt \tag{1.3}$$

$$\ln N = -\lambda t + C \tag{1.4}$$

（eを底とする自然対数 $\log_e$ のことを一般にlnで表す）

C を積分定数とし、式（1.4）を書き直すと次式になる。

$$N = e^{-\lambda t + C} = e^{C} \times e^{-\lambda t} \tag{1.5}$$

ここで、e^C は初期条件により決まる。

式（1.5）より、最初の $t = 0$ で $N = N_0$ であるので、

$$N_0 = e^C \times e^{-\lambda \times 0} = e^C \times e^0 = e^C \tag{1.6}$$

式（1.5）へ代入すると

$$N = N_0 e^{-\lambda t} \tag{1.7}$$

ただし、N_0：初めの原子数、N：t 秒後の原子数、λ：崩壊定数である。

式（1.7）で放射性原子の数が初めの半分になるまでの時間を半減期という。これは、放射性原子に固有な寿命と解してよい。

式（1.7）より、N が初めの原子数 N_0 の $1 / 2$ になるまでの時間を $T_{1/2}$ とすると、

$$\frac{N_0}{2} = N_0 e^{-\lambda T_{1/2}}$$

$$\frac{1}{2} = e^{-\lambda T_{1/2}}$$

$$ln 2 = \lambda T_{1/2}$$

$$T_{1/2} = \frac{ln 2}{\lambda} = \frac{0.693}{\lambda}$$

半減期 $T_{1/2}$ は λ に反比例する。すなわち、放射線の強さは最初の原子数が多いほど、かつ、半減期が短いほど強くなる。いくつかの核種の半減期を下に示す。

核　　種	半　減　期
^{60}Co	5.27年
^{226}Ra	1622年
^{238}U	4.468×10^9年（45億年）
^{239}Pu	2.413×10^4年（2.4万年）

(3) 放射線と物質との相互作用

放射性物質の輸送中に問題となる放射線は主に電磁波である γ 線、荷電粒子線としてはヘリウムの原子核である α 線、電子の流れである β 線があり、それ以外に中性子線がある。

放射線と物質との相互作用には次のような性質がある。

① 電離作用：放射線が原子核の軌道電子を叩き出すと、その原子はプラスイオンになり、叩き出された電子及び電子を捕えた原子がマイナスイオンになる。電離作用を起こす能力（電離能）は α 線が最も強く、次いで β 線、γ 線の順となる。

　　電離能が大きな放射線ほどエネルギーを消費するので透過力が小さくなる。その特徴を下表に示す。

	空気中の飛程	遮　蔽
α 線	数cm	紙 1 枚程度
β 線	数十cm～数m	数mm厚のアルミニウム板
γ 線（透過力大）	数百m	相当な厚さの鉛、コンクリート　例えば^{60}Coからの γ 線を 1 ／10に遮蔽するには、鉛で約4cm、コンクリートで約20cmが必要

② 透過作用：物質中を透過する性質がある。

③ 写真作用：写真フィルムを感光させる性質がある。電離作用と同様に、最も強いのは α 線で、β 線、γ 線の順である。中性子線には写真作用はないが、原子核と衝突してできた荷電粒子には写真作用がある。

④ 蛍光作用：硫化亜鉛やヨウ化ナトリウムが放射線を吸収すると、その間だけ発光する。

⑤ 熱作用：放射線がある物質で遮蔽されると運動エネルギーが熱エネルギーに変わり発熱する。特に、使用済燃料が発熱するのはこのためである。

1.3　放射能と放射線の強さを表す単位

(1) 放射能の単位

　放射性物質の質量では、それぞれの物質の半減期の違いが影響して 1 秒間当たりの放射線の放出が異なるため、放射能の強さを示したことにならない。そこで、毎秒の壊変数（dps：disintegration per second）を放射能の単位とし、1 壊変／秒を 1 ベクレル（Bq）で表す。

　自然界にも天然の放射性物質が存在しているため、輸送規則では、放射線を放出する同位元素の数量及び濃度のいずれもが、それぞれの核種ごとに大臣が定める下限数量及び下限濃度を超えないものはわが国の法令では放射性物質とはいわない。

(2) 放射線の強さの単位

　異なった種類の放射線が同一のエネルギーで人体に入射しても、その種類によって吸収線量が異なり、生物学的な効果も異なってくる。また、人体に対する放射線の影響は、吸収線量（D）が等しくても、放射線の種類、エネルギー等によっても異なる。すなわち、放射線の線質係数（Q）[※5] が異なる。これらの影響も考慮して、生じるであろう障害の度合いを全ての放射線や生体に対して共通の量で表すために、その線量を線量当量（H）と名付け、その単位をシーベルト（Sv）で表示する。

　線量当量（H）は、生体の吸収線量（D）に放射線の線質係数（Q）を用いて次式で表される。

$$H（Sv）= D（Gy）× Q$$

　ここで H（Sv）：線量当量　単位 Sv（シーベルト）
　　　　 D（Gy）：吸収線量　単位 Gy（グレイ）

　電離放射線により、ある物質の体積要素（質量 dm）に dE_0 のエネルギーが吸収されたとき、吸収線量は次式で定義される。

$$D = \frac{dE_0}{dm}$$

　物質 1 kg 当たり 1 J（ジュール）のエネルギー吸収があるとき、その吸収線量を 1 Gy という。すなわち、1 Gy = 1 J／kg である。

※5　Q：放射線の種類、エネルギーによって異なる。この値は線エネルギー付与（LET：linear
　　 energy transfer）に関係してくる。一般に、α 線の LET は大きく、β 線の LET は小さい。
　　 また、中性子線はエネルギーによって LET がかなり異なり、高速中性子ほど大きくなる。

1.4　放射線の計測

(1) 放射線の計測

　放射線は直接人間の五感で感じることはできないので、物質との相互作用を利用して放射線を計測可能な現象に変換し、その量を測定することが放射線検出器の目的である。

放射線	物質との相互作用		計測可能な現象に変換
α 線	気体	電離、励起	電流、電圧、静電気
β 線	液体	乳剤感光、発光	写真画像、蛍光、閃光
γ 線	固体	正孔、電子対生成	エッチピット、気泡
中性子線	ゲル	放射線損傷など	など

　主に利用されている放射線測定器は次のとおり分類することができる。

① 電離作用を利用するもの　　　　　（主な対象放射線）

　　　電離箱　　　　　　　　　　　γ 線、β 線
　　　GM 計数管　　　　　　　　　γ 線、β 線
　　　半導体検出器　　　　　　　　γ 線、β 線
　　　中性子線検出器　　　　　　　熱中性子線、高速中性子線
　　　電子式ポケット線量計　　　　γ 線

② 蛍光作用を利用するもの　　　　　（主な対象放射線）

　　　シンチレーション検出器　　　α 線、β 線、γ 線、中性子線

③ 写真作用を利用するもの　　　　　（主な対象放射線）

　　　フィルムバッジ　　　　　　　β 線、γ 線、中性子線

(2) γ線・β線の測定

① 電離箱（図１－７、写真１－１参照）

　２枚の平行平面電極間に 30V 程度の電圧をかけておき、その電極間に大気圧状態の乾燥空気や一酸化炭素、炭酸ガス、ハロゲンガスなどの低分子量気体を封入しておく。β 線が気体中を通過すると、その飛程に沿って多数の陽イオンの対を生じる。これを電極に集めると、集められた電荷量は放射線の強さに比例する。

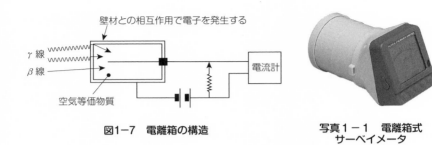

壁材との相互作用で電子を発生する

γ 線

β 線

空気等価物質

電流計

図1−7　電離箱の構造

写真1−1　電離箱式
サーベイメータ

　主として用いられる直流電離箱（電流式電離箱）は瞬時に大きな放射線がきても電流として集めるので数え落としがない。

　電離箱が放射線の飛程よりも大きければ、全エネルギーが消費されるが、1 MeV のエネルギーを持つ電子では空気中の飛程が約3 m もあるので、気体の阻止能を増す必要がある。そこで、気体を加圧したエリアモニターも使用されている。また、β 線に対しては壁材による吸収を少なくするため入射窓を設けて、窓の厚さを薄くするとともに、原子番号の小さな材質のものを用いる。しかし、逆に γ 線の測定では、電離箱の壁材を透過するとき発生する2次電子を利用するので、発生効率の高い原子番号の大きな物質が望ましい。実際には空気の実効原子番号と等価で、高密度のベークライト、ポリエチレンなどの樹脂を用いて小型化を図っている。

② GM 計数管（図1−8、写真1−2参照）

　GM 計数管は2人の発明者、ガイガーとミュラーの名前からきていて、単にガイガー計数管ともいわれている。これは、それぞれ入射した放射線を同じ大きさのパルスとして検出するものである。計数管の電極電圧を次第に上げてゆくと、気体中に電場を生じる。その気体分子を β 線が負の電荷を持った電子と正の電荷を持ったイオンに分離すると、電子は陽極側に、イオンは陰極側に向かって移動する。電圧をさらに大きくすると、陽極の近くに生じた強い電場で電子が加速され、その電子がさらに他の気体を電離し、指数関数的にイオン対が増大する。ついに最初に発生したイオン数に関係なく大きな一定のパルスが発生する。したがって、入射 β 線の数を数えるには非常に

優れた測定器である。

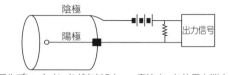

アルゴン、ネオンなどを封入し、一度始まった放電を消去す
るためアルコールまたはハロゲンガスも加えてある

図1-8 GM計数管の構造

**写真1-2 GM式
サーベイメータ**

　特徴としては、入射放射線のエネルギーに関係なく一定の出力パルスが出
て、1つ1つの放射線を数えることができる。ただし、β線は検出器に入れ
ばほぼ100%数えられるが、γ線は数%以下しか数えられない。

③ 半導体検出器（図1-9、写真1-3参照）

　シリコンやゲルマニウムの半導体に荷電粒子が入射すると、その飛程に
沿ってそのエネルギーに比例した電子と正孔（電子が抜けた孔：正の電荷を
持ち、粒子のように振る舞う）を生じる。半導体内部に逆バイアスの電圧を
かけると、電子は陽極に、正孔は陰極に集まり、入射エネルギーに比例した
電流パルスが発生する。電離箱と比較すると、1個の電子と正孔を作るのに
必要なエネルギーは、気体の場合の約1／10程度であり、同じエネルギー
損失に対して、約10倍の電流パルスが発生する。特徴としては、小型かつ

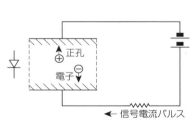

図1-9 半導体検出器の構造

**写真1-3 ポケットサーベイメータ
（半導体検出器使用）**

低電圧で作動する、放射線のエネルギーに比例した出力パルスが発生する、検出感度が気体電離箱に比べ 10^4 倍も高い、エネルギー分解能が良い、さらにパルス幅が 10^{-8}s 程度にでき分解時間が気体を用いた検出器の約 1 ／ 1000 倍も短く高線量率の測定が可能なことなどがあげられる。

④ **中性子線検出器（BF₃ 比例計数管）（図 1 − 10、写真 1 − 4 参照）**

中性子線は直接的な電離作用がないので、濃縮 ^{10}B ガスを用いて測定する。これは、^{10}B が熱中性子線と反応して α 線と ^{7}Li を発生する。この α 線を比例計数領域で測定し、中性子線の強さに応じた計数率を得る。高速中性子線を測定するには BF₃ 比例計数管をパラフィンで包み、減速させた熱中性子線を検出する。この他に感度の良い ^{3}He 比例計数管を用いたものもある。

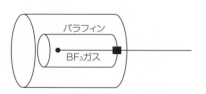

図1−10　中性子線検出器

写真 1 − 4　中性子
サーベイメータ

⑤ **シンチレーション検出器（図 1 − 11、写真 1 − 5 参照）**

γ 線がヨウ化ナトリウムのタリウム活性化結晶 NaI（Tl）に入射し、α 線が硫化亜鉛の銀活性化結晶 ZnS（Ag）に入射してエネルギーを失うと、その失ったエネルギーに比例する光を瞬間的に放出する。

この光が光電面に当たると光電効果が起こり、光電子が放出される。これだけでは非常に微弱であるため、光電子増倍管の 10 〜 14 段のダイノード（2次電子放出電極面）で増倍し、放射線がこれらの物質に与えたエネルギーに応じた大きさの出力パルスを得る。これを利用して放射線のエネルギーを分析することができる。

特徴としては、シンチレータが固体であるため、任意形状の検出器を作ることができること、パルス出力が入射放射線のエネルギーに比例すること（エネルギー分析可能）、γ 線に対して感度が高いこと、時間分解能が良好であ

ることがあげられる。

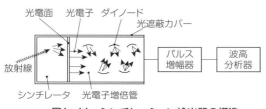

図1-11　シンチレーション検出器の構造

写真1-5　シンチレーション式サーベイメータ

⑥ 蛍光ガラス線量計（ガラスバッジ）等

　蛍光ガラス素子は銀イオンを含有させた銀活性リン酸塩ガラスといわれるもので、放射線を照射した後に紫外線を当てるとオレンジ色の蛍光を発生する性質を持っている。この蛍光をラジオフォトルミネッセンスといい、この発光量が入射した放射線に比例することを利用し、発光量を光電子増倍管で計測することで放射線量を測定する。特徴としては、何回でも繰り返し読み取ることが可能で、積算線量計として使用できる。また、ガラス素子間の特性のバラツキが少なく、照射から時間が経過すると蛍光が減少してしまうフェーディングが小さい。

　また、写真作用を利用して臭化銀 AgBr をゼラチン中に分散させた感光板（フィルムバッジ）を用いて個人被ばく線量を測定する方法もある。

写真1-6　ガラスバッジ

(3) 表面密度の測定

　輸送物表面の放射性物質の密度限度（表面密度限度）は、規則で次のとおり規定されている。

α 核種を放出するもの：　　0.4 Bq/cm²

α 核種以外を放出するもの：4 Bq/cm²

　表面汚染の測定には、主にサーベイメータで直接測定する方法と、スミヤ法の2つの方法がある。

① 直接サーベイ法（サーベイメータによる測定法）

　測定表面を直接サーベイメータで測定する方法である。これは、近くに放射線源がある場合、その放射線も測定してしまうので不適当である。

　また、汚染には、取れ易い汚染と、取れ難い汚染があるが、この方法は両方の表面汚染を合わせて測定することになる。

　この方法の利点としては、スミヤ法では採取困難な場合、例えば、表面がラフであったり、部品の「すきま」等の汚染も検出できることである。

　この方法では、輸送物からの放射線がある場合は、輸送物表面密度測定には向いていないが、使用機器等の表面密度測定には有効である。

	検　出　器	検出限界	備　　考
α 核種用	ZnS(Ag)シンチレータ	0.04Bq/cm²	窓厚 1.1mg/cm²
β 核種用	GM計数管 プラスチックシンチレータ	0.2Bq/cm²	窓厚 3.0〜 3.2mg/cm²

　測定器に要求される性能は、窓面積が大きいこと、窓厚が薄いこと、α 線と β 線の弁別ができること、γ 線に対する感度が低いこと等である。

② スミヤ法

　一般的には直径25mmのオタマジャクシ型のろ紙で、測定表面約100cm²を破れない程度に強くこすリ、ろ紙に付着した取れ易い放射性物質を測定する。採取効率は約10〜50%で、表面の材質の滑らかさで異なる。測定値から絶対値を評価する場合には、この採取効率を考慮する必要がある。採取したろ紙を測定する際に測定器を汚染させるおそれがあるので、ポリエチレンシート等でカバーする必要がある。

(4) 放射線測定時に考慮すべき項目

① バックグラウンド

　放射線測定器は、測定する対象がない場合でも宇宙線や天然放射性物質からの放射線により一定数の値を表示する。測定評価する場合は、測定値からこのバックグラウンドを減算する必要がある。測定器によってバックグラウンドは異なるので、測定前に必ずこの数値を知り、機器が正常か、汚染していないか、といった目安を知る必要がある。

② 計数効率

　測定器は通常、放射性物質から放出されている放射線の一部しか検出していない。その要因は以下のとおりである。

○ 不感時間：1回の放電が起きてから正イオンが陰極に到達し、新たに放電が起こるまでは、その間に放射線が入射しても計測しない。

○ 幾何学的効率：放射性物質から放出された放射線が計数管の有効容積に入射する数と全放出数の割合は、放射性物質から有効容積又は窓を見込む平均の立体角を全立体角4πで割った値となる（図1－12参照）。

○ 真の効率：検出器の有効容積に入射した放射線が放電を起こす割合。

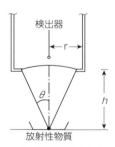

図1－12　検出器と放射性物質（点線源）との幾何学的配置

○ 減衰及び散乱：放射性物質から放射線が検出器に入射するまでに減衰や散乱を受ける。一般的に、途中の空気、検出器の窓での減衰及び散乱、又は、放射性物質支持台からの後方散乱がある。

　以上のことから、例えば1000Bqの放射性物質から1秒間に1000個の放射線が放出されているはずであるが、測定が200個しか数えない場合、

$$\frac{200}{1000} \times 100 \,（\%）=20\%$$

となり、計数効率は20%である。同一の測定器で同一形状の同一の放射性

物質を測定した場合、100 カウント／秒ならば元の量は 500Bq である。

$$\frac{100}{0.2} = 500Bq$$

③ 統計変動と検出限界

　放射性物質から放射線が放出されるのは、規則正しい間隔で放出されているのではなくアトランダムである。そのため、測定ごとに数値が異なる。

　したがって、同一試料を何回か測定して平均すると精度の高い値が得られる。バックグラウンド（BG）も同様に揺らぎがあり、揺らぎ以上に放射線が入射してこないと識別ができない。この識別レベルを検出限界という。

　検出限界（3 σ とした場合）は次式で表される。

$$\frac{\frac{3}{2} \times \left\{ \frac{3}{計測時間（秒）} + \sqrt{\left(\frac{3}{計測時間（秒）}\right)^2 \times 4\,(BG計数率) \times \left(\frac{1}{計測時間（秒）} + \frac{1}{BG計測時間（秒）}\right)} \right\}}{計数効率}$$

　上記は、積算計数方式の場合で、計数率方式の場合は計測時間と BG 計測時間（2 ×時定数）を代入すると求められる。したがって、時間をかけ、何度も測定すると精度の高い測定ができる。

④ 時定数

　10kg の物体の質量を測定する場合、秤はすぐに 10kg を指すのでなく多少の時間がかかる。放射線測定も同様で、1000cpm の放射性物質を測定する場合、何秒かかかって最終の 1000cpm の値を示す。およそ 630cpm（63.2%）を示すまでの時間を時定数という。

　時定数が長いと指針はゆっくり動く。時定数が τ 秒であるときは図 1 － 13 に示すとおり、t 秒経過後の指示目盛は最終目盛の $(1 - e^{\frac{t}{\tau}})$ 倍となる。

　最終的な値を示すには時定数の 3 倍の時間が必要である（95% 程度になる）。

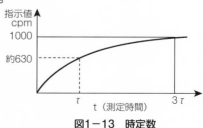

図1－13　時定数

　したがって、速く測定したい場合は、時定数を短くすると早く応答する。また、精度をあげる場合は、測定時間を長くする。

⑤ エネルギー特性と較正定数

　放射線のエネルギーによって物質との相互作用が異なってくるので、エネルギーごとに測定値が異なる。さらに、線量当量率の測定では、測定機器とICRU 球線量当量（率）（1 cm、70μm 線量当量）との相関を知っておく必要がある。

　電離箱サーベイメータでは各エネルギーとも較正定数が ± 10% 以内に入っているので、測定値をそのまま読んでもよいことになる。

　また、シンチレーションサーベイメータで ^{60}Co を測定したとき、^{60}Co のエネルギーは約 1.25MeV で、較正定数は約 2.5 であるので、10μSv/h の読み値とすれば、真の値は 10 × 2.5 ＝ 25μSv/h となる。ただし、エネルギー補償されたシンチレーションサーベイメータでは測定値をそのまま読んでもよい。

1.5　放射被ばくと人体への影響

(1) 放射線測定時に考慮すべき項目

　放射線が生体の細胞に入射すると、細胞に含まれている約 70% の水の分子を電離、励起し、遊離基（$H_2O \rightarrow H^+ + OH^-$、$H_2O + e^- \rightarrow OH^- + H$、$H + H \rightarrow H_2$、$OH + OH \rightarrow H_2O_2$）等を作る。これがたんぱく質や遺伝子の本体であるデオキシリボ核酸（DNA）に作用し、障害を起こす。これを間接作用という。また、遊離基がなくとも、直接 DNA やリボ核酸（RNA）に放射線が入射し、直接これらに損傷を与える。これを直接作用といっている。間接作用は、濃度、温度、酸素及び他の物質に影響されやすく、酸素欠乏の場合、細胞の放射線障害は低下するといわれている。

　一般に、細胞分裂の盛んな造血臓器（骨髄）や生殖腺等や未分化のものほど放射線の影響を受けやすい（Bergonil － Tribondeau の法則：細胞の放射線感受性は、細胞の再生能力に比例し、分化の程度に逆比例する）。

　被ばく線量が同じであっても、連続の分割被ばくよりも1回の被ばくの方が障害は大きい。これは、細胞の放射線損傷に対して生体の回復作用があるからである。

(2) 放射線障害の分類
　放射線被ばくすると、その障害が当人に限られる身体的障害と、子供などの次世代に現れる遺伝的障害がある。

① 身体的障害
　放射線の身体的効果は破壊的、抑制的であって、被ばく放射線の種類、被ばく時間分布（瞬間的被ばく、分割被ばく、連続被ばく）によって異なる。同一線量の放射線で被ばくした場合、瞬間的に放射線被ばく（急性被ばく）した場合の方が、弱い線量を長期間にわたって連続的に被ばく（慢性被ばく）した場合より障害が大きい。これは、細胞の再生作用、回復作用があるためと考えられている。
　放射線感受性の高い臓器等は次のとおりである。
　○細胞分裂の盛んな臓器 ……　血液を絶えず新生している骨髄、脾臓、リンパ腺等の造血臓器
　○細胞分裂数の大きいもの …　胎児
　○形態機能が未分化のもの

② 遺伝的障害
　放射線障害が子孫に現れることがある。これは、生殖腺が被ばくした結果生じる突然変異が原因である。この突然変異には、遺伝物質の微少範囲の変化による遺伝子突然変異と、染色体が切断されたり再結合したりする染色体異常の2種類がある。
　突然変異率は、以下のような前提で考えられている。
　○被ばく放射線量に正比例する
　○放射線量率ではなく被ばく総線量のみに関係する
　○分割照射には関係しないので回復作用がない

　すなわち、限界線量がないということである。したがって、非常に少量の被ばく線量でも遺伝的障害を起こし得るということである。遺伝的障害の評価の目安として自然界に起きている突然変異発生率を与える放射線量を求め、これを倍加線量という。人間の場合は、0.5 ～ 2.5Sv 程度である。放射線被ばくによって生じた突然変異も子孫に受け継がれなければ遺伝的障害とはならない。

　したがって、集団の何人かが実際に被ばくした放射線量から生じる全体の遺伝的障害と同じ障害を予測できるような集団各人の平均線量を遺伝有意線量といい、〔遺伝有意線量＝生殖腺線量 × 子供の期待数〕を基に計算される。

　身体的障害と遺伝的障害の具体的な症例と確率的影響と確定的影響の区分関係を以下に図示する。

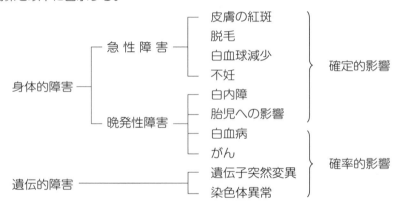

③ 急性障害

　人間が全身に短時間に γ 線等により被ばくすると、線量により次のような症状が現れる。

γ線の全身被ばくによる主な症状

吸収線量(Gy)	症　　状
0.05	晩発性障害としての症状（寿命の短縮、白内障など）
0.25	臨床検査で変化は認められない 　（ただし、染色体検査では0.1Gyで変化が検出される） 被ばく直後、白血球が一時的に増加することがあるなど血液だけに変化が現れる
0.5	末梢血中のリンパ球の一時的減少 　（リンパ球は白血球や赤血球より障害を受けやすい）
1	被ばく者の10%程度に吐き気、嘔吐が現れる 全身倦怠、リンパ球の著しい減少
1.5	放射線宿酔
2	長期白血球減少（死亡率5%）
4	半致死線量$LD_{50/60}$（60日間に50%死亡）造血臓器死
6	14日間に90%死亡
7	100%致死線量$LD_{100/60}$消化器死

γ線の全身被ばくによる主な症状の時間的経過

吸収線量(Gy)	被ばく後の経過時間（週）				
	1	2	3	4	5
1 2	← 無症状 →		⎰食欲不振、脱力 ⎱脱毛、下痢		回復
4（$LD_{50/60}$） 半致死線量 5	1～2時間より ～24時間、吐き気、 嘔吐		⎰脱毛、発熱、出血 ⎨食欲不振、下痢 ⎱無力感		50%死亡
7 (100% 致死線量 $LD_{100/60}$) 10	下痢　　発熱　100%死亡 化膿　　無力症				
10～15	腸死				
30～50	数分～数時間後 脳死				

④ 確定的影響と確率的影響（図 1 － 14 参照）

　脱毛、白内障、不妊などの放射線急性症状は、しきい値（限界値）線量を超えた場合に発生する。被ばく線量が少ない場合には放射線障害が回復し、見掛け上障害が現れないためである。これを確定的影響という。

　一方、遺伝的障害やがんは、被ばく線量との効果関係においてしきい値がなく、被ばく線量の増加とともに障害の発生率が増加する。これを確率的影響という。

　確率的影響は、少数の細胞の損傷でも障害の原因になるのに対して、確定的影響は多くの細胞が損傷を受けないと障害は発生しない。

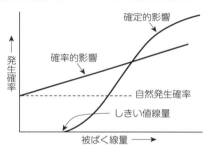

図1－14　確率的影響と確定的影響

(3) 放射線障害の回復

　生物は放射線障害を受けても自力で回復させる力を持っている。ひとつは細胞内回復であり、DNA の鎖が切断された場合に光を照射すると、光回復酵素が働いて再結合させ修復する。また、染色体が切断された場合、切断端の再癒合により回復するが、この場合エネルギーが必要になることが知られている。他に細胞集団の回復（再生）作用がある。放射線障害を受けた細胞が排除され、細胞数が減少すると細胞増殖が行われて回復する。この 2 つの作用で個体を回復させる。

　比較的低線量で発生する造血臓器障害では、骨髄移植をすることが有効な手段である。

(4) 放射線防護剤

　放射線防護剤は、被ばくする直前及び被ばく中に投与され、放射線の電離で細胞中に作られたイオン等に作用して、中和したり、酸素分圧を低下させたりするものである。代表的な放射線防護剤としては、システアミン、システイン、システミン、ジメチルスルホキシドなどがある。

　また、放射線に被ばくした後、ホルモン組織の抽出物や核酸等を投与して放射線障害を軽減させる修復剤がある。現在、防護剤、修復剤両方とも放射線被ばくに対して十分有効でなく、毒性が強いことから、ヨウ素剤以外は、人間に使用できるものはまだ開発されていない。

1.6　放射線防護

　放射線障害を防止するには、まず作業者の被ばく線量を可能な限り低くすることであり、作業場所の空間放射線量率及び表面汚染密度を法定基準値以下に保つことである。このような放射線安全を確保するには次のことを守らなければならない。

　○放射線防護を考慮した施設、設備とすること
　○適切で十分な放射線防護器材、放射線測定器を用意すること
　○適切な放射線管理を行うこと
　○放射線に関する教育、取扱習熟訓練を行うこと

　放射線被ばくには、人体の外部にある放射性物質からの被ばく（外部被ばく）と体内に入った放射性物質からの被ばく（内部被ばく）の２種類がある。

(1) 外部被ばくの防護

　α線やβ線は、γ線、中性子線に比べると飛程も短く、人体への透過力も弱いので皮膚、目に対する被ばくに注意する必要がある。体内の臓器に到達できるγ線、中性子線は体内臓器、また、中性子線は目の被ばくについての対策が必要である。

　外部被ばくを防ぐ３原則は、「時間」「距離」「遮蔽」である。
　① 時間：作業時間を短縮する。

　　被ばく線量＝作業場所空間線量率 × 作業時間

　　作業時間を短くするためには、放射線のない状況下で作業の習熟訓練を十分行う。また、作業手順、段取りに無駄のない作業マニュアルを作成し、作業員に周知徹底する。

② 距離：放射性物質からできるだけ離れて作業する。

　　放射線量率は放射性物質からの距離の2乗に反比例する（逆2乗の法則）。

$$線量当量率 (\mu Sv/h) = \frac{線源強度 (MBq) \times 線量当量率定数}{(距離 (m))^2} \quad \text{※6}$$

③ 遮蔽：遮蔽材質及び厚さは、放射線の種類（γ線、中性子線）、放射線のエネルギーで決まる。一般に遮蔽材を放射性物質に可能な限り近づけて設置すると遮蔽材が少なくてすむ。

1) γ線遮蔽：γ線は透過力が大きく飛程も長い。γ線は物質との次の相互作用でエネルギーを失う（図1－15参照）。

　・光電効果：γ線が軌道電子に全エネルギーを与え、原子から電子を飛び出させ、自らは完全に消滅する。これは、γ線のエネルギーが小さく、物質の原子番号（Z）が大きいほど確率が大きくなり、Z^5に比例する。

　・コンプトン散乱：γ線が軌道電子と衝突し、エネルギーの一部を電子に与え、原子から飛び出させる。自らは散乱され運動のエネルギーは小さくなる。この過程の起こる確率は物質の原子番号 Z に比例する。

　・電子対生成：γ線が原子核の近傍で消滅し電子と陽電子が生成される。γ線のエネルギーが電子の静止質量エネルギーの2個分に等しい 1.02MeV 以上の場合に起こる。γ線のエネルギーが高いほど起こりやすく、物質の原子番号 Z の2乗に比例する。

※6　線量当量率定数とは線源強度が 1MBq であるγ線源の点線源から 1m の距離における線量率（μSv/h）を表す定数で、核種ごとにあらかじめ算出されている。したがって、単位は（μSv・m^2・MBq^{-1}・h^{-1}）となる。

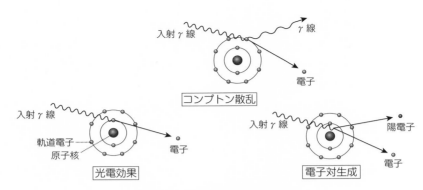

図1−15　γ線と原子の相互作用

　γ線は、このような過程でエネルギーを指数関数的に失っていく。厚さ x cm の物質を通過したときのγ線の強度は次式（Beer の法則）のとおりである。（図1−16参照）

$$I = I_0 Be^{-\mu x}$$

　I 　：遮蔽材通過後のγ線の強度

　I_0 　：遮蔽材入射前のγ線の強度

　μ 　：遮蔽材の減弱係数（cm^{-1}）

　x 　：遮蔽材の厚さ（cm）

　B 　：コンプトン散乱によってエネルギーの低くなった散乱線の一部が

　　　　入射γ線に加わる。このための補正係数で概略次のようになる。

　　　　　$\mu x < 1$ 　の場合　B ≒ 1

　　　　　$\mu x > 1$ 　の場合　B ≒ μx

　入射γ線のエネルギーが 2MeV 以上の場合、又は鉛のような原子番号の大きな遮蔽材の場合は、B ≒ $1 + \mu x$ で近似される。

　放射性物質輸送容器のγ線遮蔽には、原子番号の大きい鉛、鉄又は劣化ウランが用いられる。これは、原子番号 Z のより大きな遮蔽材を用いることにより原子番号の小さい物質より遮蔽厚を薄くできるためである。

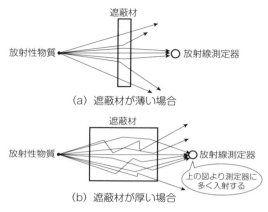

（a）遮蔽材が薄い場合

（b）遮蔽材が厚い場合

図1－16　散乱による補正

2）中性子線遮蔽：中性子は電気的に中性であるため、遮蔽材の原子核との反応（弾性散乱、中性子捕獲）が主となる。

・弾性散乱：中性子遮蔽材の原子核と衝突した際に核反応せず運動エネルギーの一部を与え、速度の遅くなった中性子はたいていの物質に吸収される。このことは、中性子をピンポン玉に例えると、砲丸にピンポン玉を衝突させてもピンポン玉ははじき飛ばされ、砲丸はびくともせず、スピードも落ちない。すなわち、中性子の質量に近く水素の含有量の高い物質が良い中性子線遮蔽材である。

・中性子捕獲：$^{10}_{5}\text{B}$ は熱中性子を吸収して α 線を放出し、$^{7}_{3}\text{Li}$ になる。

$$^{10}_{5}\text{B} + ^{1}_{0}\text{n} \rightarrow ^{7}_{3}\text{Li} + ^{4}_{2}\alpha$$

放出される α 線は透過力も飛程も小さいので遮蔽上問題にならない。

以上のことより、使用済燃料輸送容器又は高レベル放射性廃棄物輸送容器の中性子線遮蔽材として、水素含有量の多い水、レジン、コンクリート等が用いられている。^{10}B は中性子線遮蔽材としてよりも中性子吸収材として臨界防止の目的で使用済燃料輸送容器内のバスケットに使用されている。

(2) 内部被ばくの防護

放射性物質を体内に取り入れてしまうと、外部被ばくの際の防護方法である「距離」「時間」「遮蔽」の３原則が通用しなくなる。

　内部被ばくでは、体内の放射性物質が細胞と密着していて「距離」が取れず「遮蔽」することもできない。したがって、外部被ばくでは問題とならなかった飛程が短く、電離能の大きい α 線、β 線が γ 線や中性子線より有害となる。一旦、体内に吸収、沈着した放射性物質は、人為的に排出できない。すなわち、被ばく時間を短縮することが不可能となる。

　^{131}I は甲状腺、^{90}Sr は骨、^{137}Cs は筋肉など、ある種の放射性物質は特定の臓器に集まり障害を起こす。体内に吸収された放射性物質によっては、物理的半減期が長くても早く体外に排出される物質もある。そこで、体内に入った放射性物質の量が半分になる期間を実効半減期といい、次式で表される。

$$\frac{1}{実効半減期} = \frac{1}{物理的半減期} + \frac{1}{生物学的半減期}$$

内部被ばくを防護するには、体内への侵入を防ぐことである。

	体内への侵入経路	防護方法
①経口	口 → 胃 → 腸 → 各臓器 → 排出	放射性物質取扱場所での飲食、喫煙の禁止
②吸入	呼吸 → 肺 → 血液 → 各臓器 → 排出	フード、グローブボックスの使用、ガスマスク、エアラインマスクの着用
③皮膚	皮膚や傷口 → 血液 → 各臓器 → 排出	ゴム手袋の着用、作業終了後は、手を洗いハンドフットクロスモニターで汚染の有無を調べ汚染のある場合は速やかに除染する。又はサーベイメータで手足、被服の汚染がないことを確認する。

1.7　輸送従事者の被ばく管理

　わが国の規則では放射線業務従事者の線量限度は、実効線量で 100mSv ／ 5 年及び 50mSv ／ 1 年以下、目の水晶体については 150mSv ／ 1 年並びに皮膚については 500mSv ／ 1 年以下と定められている。

　国際原子力機関（IAEA）の放射性物質安全輸送規則においては、被ばく線量の大きさとその見込みに応じて放射線防護計画を定めなければならないとしており、その区分と計画の基本的内容は、輸送業務に伴う職業的被ばくの見込みにより、

○ 年間 1 mSv を超えることはほとんどありそうもないと評価される場合
は、特別の作業形態も、詳細なモニタリングも、線量評価計画も、個
人記録の保存も必要なく、

○ 年間 1 〜 6 mSv の間にありそうであると評価される場合は、作業場所
のモニタリング又は個人のモニタリングに基づく線量評価計画が実施
されなければならず、

○ 年間 6 mSv を超えそうであると評価される場合は、個人モニタリング
を実施しなければならない、

というものである。

　わが国の輸送関連規則では、核燃料輸送物を積載した車両の運転席など通
常乗車する場所の最大線量当量率は 20 μSv ／ h 以下、同輸送物を積載し
た船舶の居住区等の最大線量当量率は 1.8 μSv ／ h 以下と定められており、
特に船舶の場合、船長は乗組員の年間被ばく線量を 1 mSv 以下とするよう
に定められている。

　以上のような状況から、わが国では輸送従事者の個人被ばく線量の測定、
記録の保存、作業場所のモニタリングを実施している。従来の実績によれば、
1 年間の被ばく線量は 1 mSv を十分下回っている。

1.8　核分裂性物質

(1) 核分裂と核分裂性物質

　原子番号 92 以上の重い原子核は、ある量以上のエネルギーを持った粒子
との衝突によって、2 〜 3 個の原子核に分裂する。このような核反応現象を
核分裂反応といい、また、核分裂反応が持続することを臨界という。そして
核分裂により 1 つ以上の中性子を発生させ、核分裂反応を連鎖的に継続でき
る可能性のある物質を核分裂性物質という。核分裂性物質は、^{233}U、^{235}U、
^{239}Pu、^{241}Pu と限られており、天然に存在するのは ^{235}U のみであり、原子
力発電所で燃料にされているのは ^{235}U と ^{239}Pu のみである。

　天然ウランには ^{238}U（99.3%）、^{235}U（0.7%）、^{234}U（0.006%）が含まれ

ているが、^{235}U だけがスピードの遅い熱中性子（0.025eV、2200m／s 程度）を吸収して核分裂を起こす。この核分裂の際に真半分に割れ、質量の等しい2 個の原子核に分かれることはほとんどなく、3：2 ぐらいの質量比に分裂する確率が大きく、核分裂によって生成される原子核の種類は約 100 種類程度である。これらは核分裂生成物と呼ばれ、それらの多くは、強い β 線と γ線を放出する。この核分裂と同時に 2 ～ 3 個の中性子が放出される。これらが他の核分裂に寄与し、連鎖的に核分裂する。^{235}U が 1 回の核分裂で発生するエネルギーは、平均して約 200MeV である。

　核分裂性物質の固まりが小さいと、体積の割合に表面積が大きくなり、発生した中性子が外に逃げ出す確率が高い。その場合、連鎖反応は起こらない。しかし、ある質量を超えると自然の中性子で爆発的に核分裂を起こす。この量のことを臨界量という。主な核分裂性物質の最小臨界質量を以下に示す。

	^{235}U	^{233}U	^{239}Pu
溶液 （g）	820	590	510
金属 （kg）	22.8	7.5	5.6
溶液容量 （l）	6.3	3.3	4.5

　なお、原子力基本法や「核原料物質、核燃料物質及び原子炉の規制に関する法律」の定義による核原料物質、核燃料物質、特定核燃料物質、防護対象特定核燃料物質及び核燃料物質により汚染された物は図 1 － 17 に示す内訳と関係になっている（核燃料物質と核燃料物質により汚染された物を核燃料物質等という）。

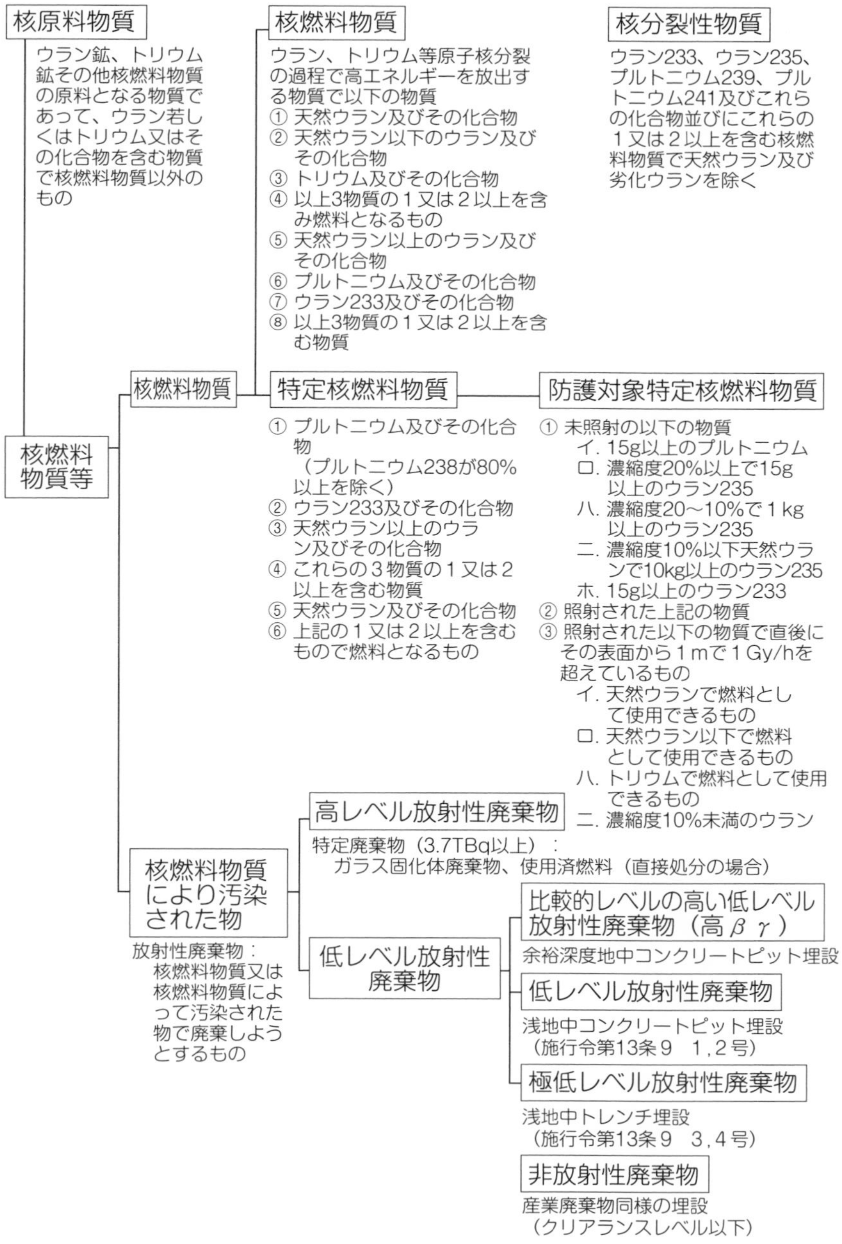

核原料物質

ウラン鉱、トリウム鉱その他核燃料物質の原料となる物質であって、ウラン若しくはトリウム又はその化合物を含む物質で核燃料物質以外のもの

核燃料物質

ウラン、トリウム等原子核分裂の過程で高エネルギーを放出する物質で以下の物質
① 天然ウラン及びその化合物
② 天然ウラン以下のウラン及びその化合物
③ トリウム及びその化合物
④ 以上3物質の1又は2以上を含み燃料となるもの
⑤ 天然ウラン以上のウラン及びその化合物
⑥ プルトニウム及びその化合物
⑦ ウラン233及びその化合物
⑧ 以上3物質の1又は2以上を含む物質

核分裂性物質

ウラン233、ウラン235、プルトニウム239、プルトニウム241及びこれらの化合物並びにこれらの1又は2以上を含む核燃料物質で天然ウラン及び劣化ウランを除く

核燃料物質等

核燃料物質

特定核燃料物質

① プルトニウム及びその化合物
　（プルトニウム238が80%以上を除く）
② ウラン233及びその化合物
③ 天然ウラン以上のウラン及びその化合物
④ これらの3物質の1又は2以上を含む物質
⑤ 天然ウラン及びその化合物
⑥ 上記の1又は2以上を含むもので燃料となるもの

防護対象特定核燃料物質

① 未照射の以下の物質
　イ. 15g以上のプルトニウム
　ロ. 濃縮度20%以上で15g以上のウラン235
　ハ. 濃縮度20〜10%で1kg以上のウラン235
　ニ. 濃縮度10%以下天然ウランで10kg以上のウラン235
　ホ. 15g以上のウラン233
② 照射された上記の物質
③ 照射された以下の物質で直後にその表面から1mで1Gy/hを超えているもの
　イ. 天然ウランで燃料として使用できるもの
　ロ. 天然ウラン以下で燃料として使用できるもの
　ハ. トリウムで燃料として使用できるもの
　ニ. 濃縮度10%未満のウラン

核燃料物質により汚染された物

放射性廃棄物：核燃料物質又は核燃料物質によって汚染された物で廃棄しようとするもの

高レベル放射性廃棄物

特定廃棄物（3.7TBq以上）：ガラス固化体廃棄物、使用済燃料（直接処分の場合）

低レベル放射性廃棄物

比較的レベルの高い低レベル放射性廃棄物（高βγ）
余裕深度地中コンクリートピット埋設

低レベル放射性廃棄物
浅地中コンクリートピット埋設（施行令第13条9　1,2号）

極低レベル放射性廃棄物
浅地中トレンチ埋設（施行令第13条9　3,4号）

非放射性廃棄物
産業廃棄物同様の埋設（クリアランスレベル以下）

図1-17　核原料、核燃料物質等の内訳

(2) 核分裂で放出されるエネルギー

　1回の核分裂で放出されるエネルギーは約200MeVである。その内訳は下記のとおりである。

分裂片の運動エネルギー	167	MeV
中性子の運動エネルギー	5	MeV
γ線	5	MeV
核分裂生成物からの放射線	10	MeV
ニュートリノ	10	MeV

　ニュートリノ以外は原子炉内で熱に転換され利用される。したがって、1回の核分裂で約190MeVのエネルギーが利用される。1 MeV = 4.45×10^{-20} kWhであり、^{235}U 1gの原子数は（6.06×10^{23}）／ 235 ＝ 2.58×10^{21} 個であることから、^{235}U 1gが全部核分裂すれば、$4.45 \times 10^{-20} \times 190 \times 2.58 \times 10^{21} = 2.18 \times 10^4$ kWhとなり、1日24時間に起こるとすれば（2.18×10^4）÷ 24 ＝ 908kW／gの出力となる。

　100万kW級の原子力発電所の熱効率を30%とすると333万kWの熱出力が必要であり、（333×10^4 kW ÷ 908kW／g）÷ 10^3 g／kg ＝ 3.7kgの ^{235}U が1日の消費量となる。100万kW級の原子力発電所では濃縮度が3〜4%のウラン燃料を約150トン装荷しているので、1日で3.7kgの ^{235}U を消費すると約4年はもつ。BWR原子力発電所では1年ごとに約1／4炉心の燃料を取り替え、PWR原子力発電所では1年ごとに約1／3炉心の燃料を取り替える。

(3) 連鎖反応

　^{235}U が熱中性子を吸収して核分裂すると平均2.43個の中性子が放出されるが、中性子を吸収しても核分裂しない割合が15%あるから、吸収された中性子1個に対して2.07個の新しい中性子が発生したことになる。このうち1個以上 ^{235}U に吸収されて核分裂を引き起こせば核分裂反応は自動的に継続する。これが連鎖反応であり、原子力発電所では制御棒等によりこの核分裂反応を制御して運転を継続する。

　反対に、使用済燃料輸送物の設計では、輸送中にこのような連鎖反応が起

きないよう以下のような考慮をする。

① 中性子吸収材（^{10}B 含有ボラル板等）を燃料バスケットに設置する。

② 燃料バスケットの体系を小さくして、中性子を体系外に漏出させる。

③ 中性子の減速材となる物質（原子番号の小さい物質）の使用量を少なくする。

④ 中性子の反射体となる物質の使用量を少なくする。

1.9　燃焼度

　燃焼度は燃料の使用状態の目安であり、1トンの燃料からどれだけの熱エネルギーを取り出したかを表すものである。

　現在の軽水炉燃料の燃焼度は1トン当たり約3万 MWd ～ 5万 MWd である。前節で述べたように、^{235}U が 1 g 核分裂すると 908kW の熱出力で 1 日運転したエネルギーが得られる。これが約 1 MWd であり、3万 MWd では ^{235}U が 30kg 核分裂したことになる。

第2章
核燃料サイクルと輸送

　本章では、はじめに核燃料サイクルについて概説した後、核燃料サイクル施設間で輸送されている核燃料物質について紹介する。

2.1　核燃料サイクル施設

　核燃料ウランを用いる原子力発電では、まずウラン鉱石を採掘し精製して核燃料物質を作り、これを核燃料体に加工し原子炉内で核分裂反応させて熱エネルギーを発生させ、蒸気を作って発電する。約３〜４年の間発電した後に、原子炉から使用済燃料として取り出して再処理工場に送り、残っているウラン及び新たに生成されたプルトニウムと残渣成分とに分離して回収したウランなどは再び核燃料体に加工して使用する。図２−１に示すとおり、核燃料物質の流れをつなげて見ると、精製 → 転換 → 濃縮 → 再転換 → 成型加工 → 核分裂反応（原子炉） → 再処理 → 転換と環を形成することから核燃料サイクルと呼んでおり、エネルギー資源に乏しいわが国ではこの選択肢を採っている。

　なお、原子炉において核分裂反応した後の使用済燃料をそのまま深地層処分する（ワンススルー方式）選択肢もあり、いくつかの国ではこの方式が採られている。

　核燃料サイクル中の各工程は、それぞれ違った施設で進められるのが普通であるから、それぞれの施設で作られた製品を次の工程を受け持つ施設に運ぶ必要がある。運ぶべきウラン製品の形態、性状はさまざまであるが、それらの形態に応じて各工程施設間を結ぶことが「輸送」という作業であり、核燃料サイクルを円滑に機能させ、最大の目的である発電を継続する上では輸送は欠くことのできない重要な分野である。

　以下に各工程施設の役割と製品について概説する。

(1) ウラン鉱山

　ウランを含む鉱石を採掘するところである。カナダ、オーストラリア、アフリカ、ウクライナやロシアなどに偏在し、わが国にはほとんどない。

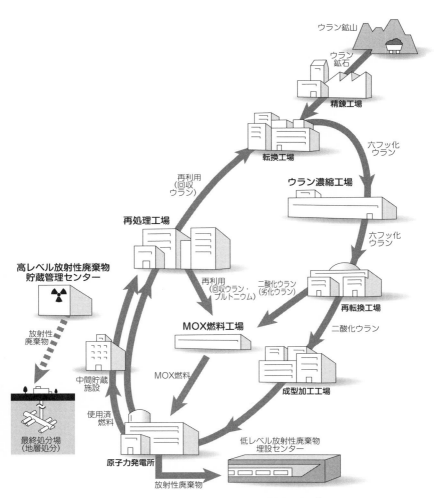

図2-1　核燃料サイクル施設と核燃料輸送物[1)]

(2) 精錬工場

　ウランを抽出した溶液を溶媒抽出法又はイオン交換法で
精製・濃縮し、アルカリ溶液を加えてウラン成分を沈殿さ
せ、ろ過・乾燥してウランを 60 ～ 70% 含む図2-2に示

図2-2　イエローケーキ[2)]

すような黄色いペースト状の製品として回収する。この製品はイエローケーキと呼ばれ、その主成分は製錬工程によって異なるが、重ウラン酸ナトリウム、重ウラン酸アンモニウム等が代表的な成分である。

(3) 転換工場

イエローケーキはフッ化水素と反応させ、不純物を除去して精製された天然六フッ化ウラン（UF_6）に転換される。

(4) ウラン濃縮工場

核分裂性物質である ^{235}U は天然ウラン中に 0.7% 程度含まれており、残りの 99.3% は核分裂反応をしない ^{238}U である。ところで、発電用軽水炉では ^{235}U の濃度を 2.5 〜 5% まで高めた燃料を用いるので、上記の転換製品である天然六フッ化ウラン中の ^{235}U を濃縮する必要がある。工業的に用いられている濃縮法は、ウラン同位体の質量差を利用したガス拡散法と遠心分離法がある。わが国では、図２−３に示す遠心分離法が採用されている。

遠心分離法は、真空中で高速回転している円筒に気化した UF_6 を入れ質

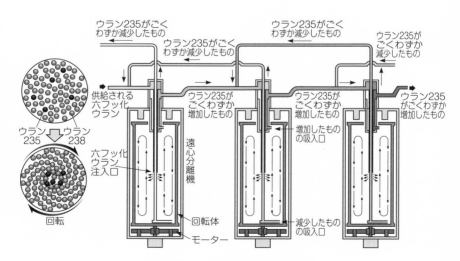

図2−3　UF_6 の遠心分離法のしくみ[3]

量差を利用した遠心力により ^{235}U と ^{238}U を分離する方法である。1つの遠心分離機ではわずかしか分離できないため、図2－4に示すように遠心分離機を系統的につなぎ合わせた装置が用いられている。このような遠心分離機の組み合わせをカスケードと呼んでいる。

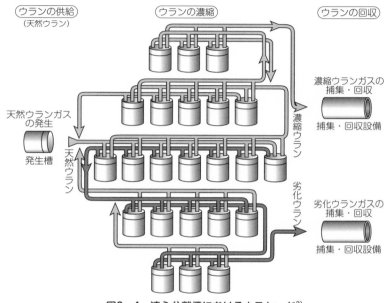

図2－4　遠心分離機におけるカスケード[3]

(5) 再転換工場

　　濃縮された UF_6 を水及びアンモニウムと反応させて UO_2 を作り、乾燥・焙焼等により UO_2 粉末に再転換する。

(6) 成型加工工場

　　UO_2 を顆粒状にしてプレス成型し、1700℃以上の高温で焼結する。その焼結体を規定の寸法に研磨、乾燥して燃料ペレットを製造する。図2－5に示すように燃料ペレットを被覆管に詰め、スプリングを端部に入れて、被覆管内の空気をヘリウムガスと置換して端栓を溶接して燃料棒とする。原子炉の設計に応じて燃料棒本数を束ねたものが新燃料集合体である。

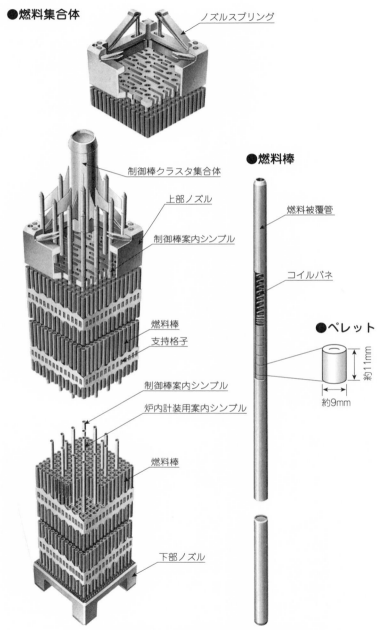

図2−5　燃料ペレット、燃料棒及び燃料集合体[4)]

(7) 原子力発電所

　原子炉内で3～4年間核分裂反応させた燃料集合体を使用済燃料として取り出す。100万kW級の軽水炉では燃焼度により異なるが、年間20～30トンの燃料が消費されるので、毎年の定期検査時に炉心を構成する燃料集合体の1／3～1／4を新燃料集合体と交換する。

　使用済燃料には不安定な核分裂生成物が含まれているため放射線と崩壊熱を出すので、原子力発電所内のプールで所定の期間冷却してこれらを減衰させた後、再処理工場又は中間的な使用済燃料貯蔵施設に輸送する。

(8) 再処理工場

　使用済燃料には1%弱の未分裂の^{235}Uと1%強のプルトニウムが含まれているので、再処理しこれらを回収し燃料として再利用する。図2-6に示すピューレックス法による再処理工程では、使用済燃料を約40mm程度の長さに切断し、高温の濃硝酸溶液につけてペレット片を溶かして溶液とする。リン酸トリブチルを30%程度含むドデカンという溶媒を用いて、この溶液からウランとプルトニウムを溶媒中に移行させ、核分裂生成物等の他の元素と分離する。ウランとプルトニウムの分離には還元剤を用いて、プルトニウムを水溶液中に、ウランを溶媒中に分ける。ウランの硝酸溶液は脱硝工程で硝酸成分を除去して三酸化ウラン（UO$_3$）の粉末として回収する。これ

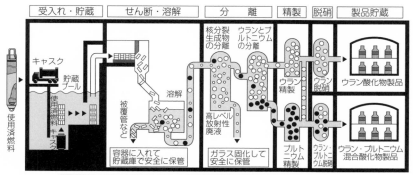

図2-6　ピューレックス法による再処理工程[3]

を回収ウランといい、転換工場に送り六フッ化ウラン原料となる。一方、硝酸プルトニウム溶液から同様の工程でプルトニウムをプルトニウム酸化物（PuO$_2$）として回収するが、核不拡散の観点からプルトニウムを単独で抽出せず、精製溶液の段階でウラン溶液と混合し、混合酸化物（MOX）粉末として回収することがある。これを軽水炉のプルサーマル燃料や高速増殖炉用の燃料として利用する。

(9) 使用済燃料中間貯蔵施設

　わが国全体の使用済燃料の発生量は日本原燃の六ヶ所再処理工場の年間処理能力 800 トンを上回っており、原子力発電所の運転に伴ってその差が増大することになる。このため、使用済燃料を一時的に中間貯蔵する施設が原子力発電所内外に建設されている。図２−７には発電所外使用済燃料中間貯蔵施設（リサイクル燃料備蓄センター）の設計概念を示す。

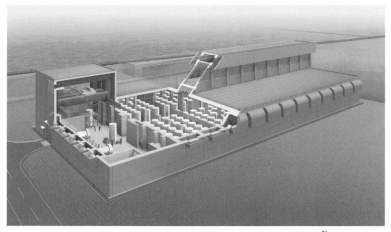

図２−７　リサイクル燃料備蓄センターの設計概念図 [5]

(10) MOX 燃料工場

　再処理工程で混合酸化物として回収した粉末を原料として、プルサーマル用の燃料集合体を成型加工し原子力発電所に輸送する。日本原燃の六ヶ所再処理工場内に MOX 燃料工場を設置する計画となっている。

(11) 低レベル放射性廃棄物埋設センター

　本施設は原子力発電所の運転や廃止措置で解体する段階で発生する低レベル放射性廃棄物（LLW）を図2－8のように浅地中ピット処分するものである。

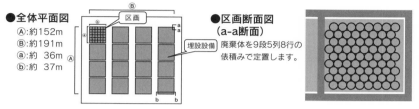

●全体平面図
Ⓐ:約152m
Ⓑ:約191m
ⓐ:約 36m
ⓑ:約 37m

区画

●区画断面図
（a-a断面）

埋設設備　廃棄体を9段5列8行の
俵積みで定置します。

●埋設地断面図
（b-b断面）

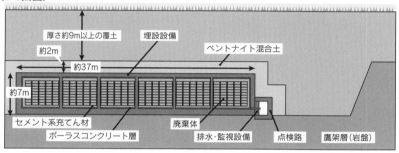

厚さ約9m以上の覆土　埋設設備
約2m　　　　　　　　　　　ベントナイト混合土
約37m
約7m
セメント系充てん材　　　　廃棄体
ポーラスコンクリート層　　排水・監視設備　　点検路　　鷹架層（岩盤）

図2－8　低レベル放射性廃棄物埋設設備[1]

(12) 高レベル放射性廃棄物貯蔵管理センター

　使用済燃料の再処理の過程で発生する放射性廃棄物は、放射能が高く発熱量も大きい高レベル放射性廃棄物（HLW）と、それ以外の低レベル放射性廃棄物に分別収集される。高レベル放射性廃棄物は、図2－9に示すステンレス製のキャニスタと呼ばれる缶にガラスを用いて固定化する。崩壊熱による発熱量の大きいこのガラス固化体を約50年間冷却管理するため、日本原燃の六ヶ所再処理工場の一角に本センターが建設、操業されており、海外再処理で発生した返還ガラス固化体を受け入れて貯蔵管理している。

ステンレス鋼製容器
キャニスタ

固化ガラス
高レベル放射性廃液と
ガラスを溶かして固めたもの

図2−9 ガラス固化体キャニスタ[1]

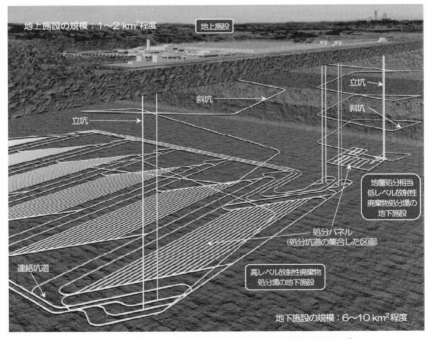

図2−10 高レベル放射性廃棄物最終地下処分場の概念図[6]
（地層処分相当低レベル放射性廃棄物処分場を併置した場合）

(13) 高レベル放射性廃棄物最終地下処分場

　約 50 年間冷却された高レベルガラス固化体を最終処分する施設である。現在、原子力発電環境整備機構が立地地点を公募中である。検討されている高レベル放射性廃棄物最終地下処分場の概念を図 2 − 10 に示す。

　なお、再処理工場からは高レベル放射性廃棄物や通常の低レベル放射性廃棄物のほかに、TRU 廃棄物や α 廃棄物の発生もあるが、これらの処分方法に関しては現在検討中である。

2.2　核燃料サイクル間で輸送される核燃料物質等

　核燃料物質又は核燃料物質により汚染された物を総称して核燃料物質等という。図 2 − 1 に示すとおり、核燃料サイクル間では原料、中間製品、製品及び放射性廃棄物の輸送が必要となる。

　ウラン鉱石をイエローケーキに精錬し、天然 UF_6 に転換する工程はわが国にはなく、海外で実施されている。天然 UF_6 は図 2 − 11 に示すような輸送物として海外から日本原燃の六ヶ所ウラン濃縮工場に海上輸送及び陸上輸送される。海上輸送では一般コンテナ船により東京港へ、又はチャーター船

図 2 − 11　天然六フッ化ウラン輸送物の輸送荷姿 [7]

でむつ小川原港へ運び、その後陸上輸送するという２通りがある。

　濃縮工場で濃縮された濃縮 UF_6 は図２－12に示すような輸送物として再転換工場に陸上輸送され、UO_2 粉末に再転換されて図２－13に示すような輸送物として燃料成型加工工場へ輸送される。

図２－12　濃縮六フッ化ウランのトレーラ輸送 [8]

図２－13　濃縮二酸化ウラン輸送物とトラック輸送 [8]

　新燃料集合体は、図2－14のように陸上輸送、又は一部のPWR用は図2－15のように海上輸送により原子力発電所へ運ばれる。

　なお、国内のウラン濃縮工場及び燃料成型加工工場の処理能力の関係で、一部は濃縮UF$_6$又はUO$_2$粉末の中間製品の形で海外から海上輸送により輸入されている。

図2－14　新燃料集合体の陸上輸送[9]

図2－15　新燃料集合体の海上輸送[10]

　使用済燃料は原子力発電所内のプールで所定の期間冷却された後再処理工場へ輸送される。従来は大部分が海外再処理委託契約により、フランス COGEMA（現 Orano）のラアーグ及びイギリス BNFL（現 Sellafield Ltd）のセラフィールド両再処理工場へ輸送されてきた。また、少量が核燃料サイクル開発機構（現日本原子力研究開発機構）の東海再処理工場に輸送され、再処理されてきた。

　しかし、これらの契約分の使用済燃料は全量輸送済みであり、現在は日本原燃の六ヶ所再処理工場の使用済燃料受入・貯蔵プールに輸送されている。使用済燃料の輸送に当たっては、専用港を持たない一部の原子力発電所では最寄りの公共港まで陸上輸送となり、それ以外の多くの原子力発電所では専用港から直接海上輸送される。日本原燃の六ヶ所再処理工場側では、公共港であるむつ小川原港における荷下ろしの後、港内道路及び専用道路による陸上輸送が行われる。使用済燃料輸送物の陸上輸送を図 2 − 16 に示す。

　再処理により回収された未燃焼ウラン及びプルトニウムは、再び核燃料として利用するため、UO_3 及び PuO_2 の混合粉末の形態で MOX 燃料成型加工工場に移動される。海外委託再処理で回収されたウラン及びプルトニウムは、核物質防護と輸送上の観点から海外の燃料成型加工工場で MOX 燃料集合体に成型加工された後、わが国の原子力発電所に輸送されている。

図 2 − 16　使用済燃料輸送物の陸上輸送[7]

　再処理工程で発生する高レベル放射性廃棄物であるガラス固化体のうち、海外委託再処理で発生した分は日本原燃の六ヶ所高レベル放射性廃棄物貯蔵管理センターに、図2－17に示すような輸送物として返還されている。一方、原子力発電所で発生する低レベル放射性廃棄物は、図2－18のようなIP－2型輸送物として日本原燃の六ヶ所低レベル放射性廃棄物埋設施設に使用済燃料と同じ輸送モードで輸送されている。今後は原子力発電所の廃止措置に伴う解体放射性廃棄物の輸送も加わってくるため、その輸送物型式や輸送モードの検討が始められている。

図2－17　高レベル放射性廃棄物輸送物（海外委託再処理で発生の返還廃棄物）の陸上輸送[7]

図2－18　低レベル放射性廃棄物の海陸輸送[7]

《参考文献》

1) 日本原燃（株）提供

2) 核燃料サイクル機構：サイクルポケットブック（1999 年）

3) 日本原子力学会編：原子力がひらく世紀 第 3 版（2011 年）

4) 北海道電力（株）：泊発電所のあらまし（パンフレット）

5) リサイクル燃料貯蔵（株）

6) 原子力発電環境整備機構：知ってほしい地層処分（パンフレット）（一部修正）

7) 原燃輸送（株）提供

8) 日刊工業新聞社：放射性物質輸送のすべて（第 2 版、青木成文著）

9) 科学技術庁：核燃料サイクルと輸送（パンフレット）

10) 辰巳商会（株）提供

第 3 章
放射性輸送物の安全輸送のための分類

　安全輸送のために、放射性輸送物は、収納される放射能量により分類する方法があり、収納される放射能量の少ない順に L 型輸送物、A 型輸送物及び BU 型又は BM 型輸送物の３つに区分されている。この区分のほか、特に放射能の濃度が低い収納物に対しては比放射能により分類され、表面のみが汚染されたものが収納される場合には表面汚染密度により分類される IP 型輸送物がある。さらに、臨界安全性を確保する必要がある核分裂性輸送物とその必要のないものの区別がある。本章では、はじめにこれらの分類の基盤となっている放射性物質の潜在的な危険性を定量的に表現する Q システムを解説した後に、放射性輸送物の分類について述べ、代表的な核燃料物質の輸送物を紹介する。

3.1　Q システム

　収納放射能量の限度に関する基準となる A_1 値と A_2 値が放射性核種ごとに定められている。A_1 値は非分散性の固体状放射性物質や密封カプセル内に収納されている放射性物質（特別形放射性物質）に対して、A_2 値はそれ以外の散逸性の放射性物質（非特別形放射性物質）に対して適用され、A_1 値と A_2 値は A 型輸送物としての収納放射能の限度を与える。このような輸送物の収納放射能限度や許容漏えい量等を与える A_1 値、A_2 値は、ICRP（国際放射線防護委員会）の勧告（Pub.26）及び改訂された年摂取限度（Pub.30）と整合させるために、IAEA 輸送規則 1985 年版から採用された Q システムと呼ばれる新しい誘導システムにより定められたもので、以後、ICRP の新たな勧告等に基づき適宜見直されている。Q システムは、以下で説明するように線源、被ばく形態、被ばく過程など図３−１に示す被ばく経路として考えられるものを全て考慮して、A 型輸送物が事故で破損してその一部が漏えいし、さらに漏えい物の一部を人が摂取又は放射線にさらされたとしても人体に影響を与えないような限度値を与える。また、A_1 値と A_2 値は、A 型輸送物の収納限度を与えるだけでなく、L 型輸送物の放射能限度、BU 型及び BM 型輸送物の漏えい限度などを規定する基礎でもある。

　A_1 値は、特別形の γ 線と中性子による外部被ばくを示す Q_A、特別形の

β 線による外部被ばくを示す Q_B 及び特別形の α 線による外部被ばくを示す Q_F のうちの最小の値を与えるものである。

　A_2 値は上記の Q_A、Q_B、Q_F に加えて全線源による内部被ばくを示す Q_C、β 線による付着による外部被ばくと摂取による内部被ばくを示す Q_D 及び希ガスのサブマージョン被ばくを示す Q_E のうち最小の値を与えるものである。

　評価の前提条件としては、輸送従事者の被ばく線量当量を 50mSv 以下、各器官の被ばく線量当量を 500mSv 以下、水晶体の被ばく線量当量を 150mSv 以下としており、また、損傷した輸送物から 1 m 地点での滞在時間を 30 分以内としている。被ばく条件としては、外部被ばく（Q_A 及び Q_B）では 1 m 離れた場所での被ばくを考慮し、内部被ばく（Q_C）では摂取量が収納物の 10^{-6} としている。Q_D の評価では収納物の 1 ％ が放出されると想定し、皮膚汚染に関する被ばく条件は手袋を着用せず被ばく継続時間が 5 時間で、その間は手を洗わないという安全側の仮定に基づいている。さらに、希ガスによるサブマージョン被ばく（Q_E）ついては、圧縮ガスと非圧縮ガスとも安全側に 100％ 放出を仮定している。

図 3 − 1　Q システムにおける被ばく経路[1]

3.2　収納放射能量による分類

　放射性輸送物を収納放射能量により分類する場合は、1輸送物に収納される収納物全体の A_1 値又は A_2 値を基準として L 型、A 型、BU 型又は BM 型に分類する。

　表3−1にこれらの型式ごとの収納可能範囲を示す。以下に輸送物ごとに実際に輸送されている代表例等を含め説明する。

表3−1　収納放射能限度と輸送物の分類

L型輸送物	A型輸送物	BU・BM型輸送物
1. 固体又は気体 ・特別形放射性物質 　　≦A_1 値×10^{-3} ・非特別形放射性物質 　　≦A_2 値×10^{-3} 2. 液体 　　≦A_2 値×10^{-4} 3. 気体の ^{3}H 　　≦0.8TBq	1. 特別形放射性物質 　　≦A_1 値 2. 非特別形放射性物質 　　≦A_2 値	1. 特別形放射性物質 　　＞A_1 値 2. 非特別形放射性物質 　　＞A_2 値

(1) L 型輸送物

　L 型輸送物とは、危険性が極めて少ない放射性物質等として告示で次のいずれかと定められているもので、わが国で現在輸送されている放射性輸送物は件数の上では大部分が L 型輸送物である。

① 固体及び気体の特別形放射性物質等では当該放射性物質の A_1 値が 1 ／ 1000 を超えない放射能を有するもの、特別形放射性物質等以外のものでは A_2 値の 1 ／ 1000 を超えない放射能を有するもの。液体については A_2 値の 1 ／ 10000 を超えない放射能を有するもの。トリチウム（^{3}H）は 0.8TBq を超えないもの

② 表面から 10cm の位置における線量当量率が 100 μSv/h を超えない機器等であって、固体の場合は A_1 値又は A_2 値の 1 ／ 100、液体又は

気体の場合は 1 ／ 1000（トリチウムの場合は 0.8TBq）を超えない放射能を有し、それら機器等を輸送容器に収納した場合に機器等の放射能限度の 100 倍を超えないもの

③ 機器等に含まれる天然ウラン、劣化ウラン若しくは天然トリウムであって未照射のもの又はこれらの化合物若しくは混合物であって、機器等に他の放射性物質が含まれず表面が容易に腐食しない金属などで被覆されているもの

④ 核燃料物質等が収納されたことのある空の容器の内表面に付着している核燃料物質等であって、その表面密度が α 線を放出する非固定性汚染物で 40Bq ／ cm^2、$\beta\gamma$ 線を放出する非固定性汚染物で 400Bq ／ cm^2 以下のもの

⑤ 0.1kg 以下の六フッ化ウランを収納するもの（腐食性が主危険性、放射性が副次危険性となる）

(2) A 型輸送物

　A 型輸送物とは、放射性収納物を 1 輸送物当たり A$_1$ 値又は A$_2$ 値を超えない量を収納している輸送容器、タンク又はコンテナであり、輸送容器などにも強度をもたせて通常予想される事象に対しても安全性が確保されるものである。わが国で現在輸送されている A 型輸送物は、件数の上では L 型輸送物に次いで多い。

　48Y シリンダに収納される天然 UF$_6$、30B シリンダに充填された濃縮 UF$_6$、新燃料集合体に加工された UO$_2$ などが A 型輸送物に該当する。天然ウランは、わが国の輸送規則上では L 型又は IP 型輸送物として扱えるが、海外において天然 UF$_6$ を 48Y シリンダに充填して発送する場合、発送国では A 型輸送物として取り扱っているため、そのまま 48Y シリンダでわが国を輸送する場合は A 型輸送物扱いとなっている。

(3) BU 型及び BM 型輸送物

　BU 型及び BM 型輸送物とは、A$_1$ 値又は A$_2$ 値を超える放射能を持つ放射性物質を収納している輸送容器（キャスクと呼ばれている）、タンク又はコ

ンテナで、使用済燃料、プルトニウム酸化粉末、MOX燃料、高濃縮ウラン、高レベル放射性廃棄物等が収納される。

　BM型輸送物は国際輸送に当たって、設計国、通過国、使用国など関係する全ての規制当局から輸送物と輸送の安全性などに関する承認を受けなければならない。一方、BU型輸送物は設計国の承認を得れば、通過国、使用国等では自動的にその安全性などに関する是認が与えられ、その輸送が承認される。したがって、BU型輸送物はBM型輸送物よりも一段と厳しい技術上の基準が要求されている。

3.3　比放射能、表面汚染密度による分類

　IAEA放射性物質安全輸送規則1985年版で新しく導入されたのがIP型輸送物である。L型、A型、BU型又はBM型輸送物のように1つの輸送物に収納される放射能量で区分するのではなく、比放射能（放射能濃度）で収納物を分類する低比放射性物質（LSA物質）と、表面汚染密度で収納物を分類する表面汚染物（SCO）がある。主として、原子力発電所などで発生する大量の放射性廃棄物を輸送するために定められた分類であり、わが国の輸送規則にも1991年1月1日から施行された規則に初めて導入された。

(1) 低比放射性物質
　表面から3m離れた位置における最大線量当量率が10mSv／hを超えないもので、下記に示す物質の適合条件によりLSA−Ⅰ、LSA−ⅡとLSA−Ⅲに分類される。

① LSA−Ⅰ
下記の物質がLSA−Ⅰに該当する。
　1）ウラン、トリウム等を含有する鉱石
　2）固体の未照射天然ウラン、劣化ウラン等、又はこれらの固体の化合物等
　3）核分裂性物質以外の物質であってA$_2$値に制限がないもの

② LSA−Ⅱ
LSA−Ⅱは、放射性物質が当該核燃料物質等の全体に分布しているもので、

かつ次の条件に適合する物質が該当する。
1) 可燃性の固体：放射能量が $100A_2$ 値を超えず、かつ、全体に分布している平均比放射能が $10^{-4}A_2$ ／g を超えないもの
2) 可燃性以外の固体：平均比放射能が $10^{-4}A_2$ ／g を超えないもの
3) 液体：放射能量が $100A_2$ 値を超えず、かつ、平均比放射能が $10^{-5}A_2$ ／g を超えないもの
　　ただし、トリチウム水は平均放射能濃度が 1TBq ／ℓ を超えないもの
4) 気体：放射能量が $100A_2$ 値を超えず、かつ、平均比放射能が $10^{-4}A_2$ ／g を超えないもの

③ LSA −Ⅲ
　LSA −Ⅲは、LSA −Ⅰ、LSA −Ⅱの要件に適合する物質以外の固体状（粉末を除く）の放射性物質であって、次の要件に適合する物質が該当する。
1) 放射性物質が当該物質の全体に均一に分布しているもの
2) 比放射能が $2 \times 10^{-3}A_2$ ／g を超えないもの
3) 可燃性のものにあっては放射能量が $100A_2$ 値を超えないもの

(2) 表面汚染物
　それ自体は放射性物質ではないが、その表面に放射性物質が分布しているものであり、放射能量が $100A_2$ 値を超えず、かつ当該汚染物の表面から3m の位置における線量当量率が 10mSv ／h を超えないものが該当し、下記に述べる SCO −Ⅰ、SCO −Ⅱ及び SCO −Ⅲに分類される。

① SCO −Ⅰ
　下記の物体が SCO −Ⅰに該当する。
1) α 線を放出する放射性物質（低危険性放射性物質を除く）による汚染について、接近できる表面の非固定性汚染が 0.4Bq ／cm^2 以下、その他の汚染が 4×10^3Bq ／cm^2 以下であるもの
2) β 線及び γ 線を放出する放射性物質並びに α 線を放出する低危険性放射性物質による汚染について、接近できる表面の非固定性汚染が 4Bq ／cm^2 以下、その他の汚染が 4×10^4Bq ／cm^2 以下のもの

② SCO −Ⅱ

下記の物質が SCO −Ⅱに該当する。

1) α 線を放出する放射性物質（低危険性放射性物質を除く）による汚染
について、接近できる表面の非固定性汚染が 40Bq ／ cm^2 以下、その
他の汚染が 8 × 10^{4}Bq ／ cm^2 以下であるもの

2) β 線及び γ 線を放出する放射性物質並びに α 線を放出する低危険性
放射性物質による汚染について、接近できる表面の非固定性汚染が
400Bq ／ cm^2 以下、その他の汚染が 8 × 10^{5}Bq ／ cm^2 以下である
もの

③ SCO −Ⅲ（海上輸送されるものに限る。）

放射性輸送物として輸送することができない大型のものであって開口部が
閉止されており、接近できない表面の汚染が、α 線を放出する放射性物質（低
危険性放射性物質を除く）による汚染について 8 × 10^{4}Bq ／ cm^2 以下、そ
の他の汚染について 8 × 10^{5}Bq ／ cm^2 以下である物体

(3) IP 型輸送物

低比放射性物質と表面汚染物を収納する輸送物は表 3 − 2 に示すように収
納物の区分、性状及び輸送方法により、IP − 1 型輸送物、IP − 2 型輸送物、
IP − 3 型輸送物に分類される。

通常の輸送状態において放射性物質が容易に飛散又は漏えいしないような
措置が講じられ、専用積載として運搬される場合の LSA −Ⅰ、SCO −Ⅰ
及び SCO −Ⅲは放射性輸送物としないで、すなわち非梱包の状態で輸送で
きる。ただし、表面の放射性物質密度が α 線を放出する場合には 0.4Bq ／
cm^2、α 線を放出しない場合は 4Bq ／ cm^2 を超えない SCO −Ⅰの専用積
載条件は緩和される。

表3-2　LSAおよびSCOとIP型輸送物の型との関係

収納物	IP型輸送物の型式	
	専用積載の場合	非専用積載の場合
LSA-I		
固体	IP-1	IP-1
液体	IP-1	IP-2
LSA-II		
固体	IP-2	IP-2
液体、気体	IP-2	IP-3
LSA-III	IP-2	IP-3
SCO-I	IP-1	IP-1
SCO-II	IP-2	IP-2
SCO-III	非梱包	―

3.4　核分裂性輸送物

^{233}U、^{235}U、^{239}Pu 及び ^{241}Pu など、あるエネルギーをもつ中性子などの粒子が衝突することにより、連鎖的に核分裂が誘起される可能性のある物質を核分裂性物質という。法規上は、核分裂性物質の量などが収納物中にある限度以下のものを除いて、核分裂性物質に係わる輸送物を核分裂性輸送物として位置付けている。

　これらの核分裂性輸送物は、輸送中のあらゆる条件下で臨界とならない状態（未臨界）に維持されるように梱包し、かつ、輸送しなければならない。そのため、設計においてさまざまな偶発事象を考慮するよう第4章で詳述する未臨界に関する技術基準が特に定められている。

3.5　代表的な核燃料物質等の輸送物

　以下に核燃料物質等の代表的な輸送物の概要を説明する。

(1) 回収ウラン (UO₃)

使用済燃料を再処理して回収された核燃料物質には、ウランとプルトニウムがあるが、回収ウランの輸送物としは UO_3 粉末である場合が多く、その放射能濃度が 10^{-4} A_2 ／g 以下であれば IP 型核分裂性輸送物になる。もしこの濃度を超える場合は、1 輸送物当たり A_2 値を超える放射能が含まれていれば BU 型又は BM 型核分裂性輸送物になる。一般に、回収ウランには化学的形態（UO_2、UO_3、$UO_2(NO_3)_2$、UF_6 等）及び物理的形態（固体、液体）の面で多様な形態がある。

(2) 軽水炉新燃料集合体 （濃縮ウラン UO₂）

未照射の濃縮ウランで、濃縮度が 5％ 以下のものは A_2 値が「制限なし」であるため、A 型核分裂性輸送物となる。現在、国内の燃料成形加工事業所から各地の原子力発電所に輸送されている新燃料集合体は、PWR、BWR を問わず A 型核分裂性輸送物となっている。

(3) 天然六フッ化ウラン （UF₆）

天然六フッ化ウランは 48Y シリンダに充填され、耐火保護機材に覆われる。わが国では IP 型輸送物に分類される。

(4) 濃縮六フッ化ウラン （UF₆）

天然六フッ化ウランを濃縮した六フッ化ウランは 30B シリンダに充填され、オーバーパックに収納される。A 型核分裂性輸送物に分類される。

(5) 濃縮ウラン （UO₂） 粉末

濃縮六フッ化ウラン（UF_6）を再転換し、核燃料の中間物質として燃料成型加工工場に輸送される濃縮ウランは A 型核分裂性輸送物に分類される。

(6) 混合酸化物 （MOX） 新燃料集合体

高速増殖炉及びプルサーマル炉などの燃料である $PuO_2 - UO_2$ の混合酸化物燃料は、PuO_2 が混合されているため BU 型又は BM 型核分裂性輸送物

となる。これはプルトニウムの A_2 値が非常に小さいため原子炉級プルトニウムでは 1 g あれば十分に A_2 値を超えるためである。これまでに MOX 燃料集合体の輸送容器としては、「常陽」及び「もんじゅ」などの高速炉燃料や海外再処理で得られたプルトニウムを使って製造された軽水炉用燃料に対して設計された容器が使用された。プルサーマル用燃料は、海外からは使用済燃料輸送容器を改造したもので運ばれており、国内輸送用には新しい輸送物が設計されている。

(7) 軽水炉使用済燃料集合体

　軽水炉で燃料として使用された使用済燃料は発電所内のプールで一時冷却された後に、再処理のため再処理工場へ輸送されている。また、一部の使用済燃料は今後、発電所内外の中間貯蔵施設にも輸送される。使用済燃料は、BU 型又は BM 型核分裂性輸送物としてはこれまでに最も輸送実績が多い輸送物である。使用済燃料は炉内で燃料が核分裂して生成された核分裂生成物を多量に含み、高い放射能を持っている。そのため、γ 線や中性子線に対する遮蔽性能、核分裂性物質に対する未臨界性能、放射性物質に対する密封性能、崩壊熱除去のための除熱性能などを備えた頑丈な輸送容器に収納されて輸送されている。輸送容器には輸送専用と輸送・貯蔵兼用（DPC と呼ばれている）があり、輸送・貯蔵兼用容器は発電所内中間貯蔵施設において、又は発電所から発電所外中間貯蔵施設に運ばれ、一定期間貯蔵された後そのまま再処理工場等に向けて搬出される。

(8) 高レベル放射性廃棄物 （HLW）

　使用済燃料を再処理工場において再処理すると、核分裂生成物などを多量に含んだ高レベル放射性廃液が分離される。この処理のために、廃液はガラス固化して固化体としてキャニスタと呼ばれるステンレス製の専用容器に収納され、そのキャニスタは使用済燃料輸送容器と同様の性能を有する輸送容器に収納されて輸送されている。HLW が BU 型又は BM 型核分裂性輸送物として区分されるのは、廃棄物中に含まれる核分裂性物質の量が法規上核分裂性輸送物として定義される量含まれているからである。

(9) 低レベル放射性廃棄物（LLW）

　各原子力発電所で発生した低レベル放射性廃棄物をセメントやアスファルトなどで固化体として、又は保守等で発生した弁や配管類などの雑固体をセメントなどで固化して鋼製ドラム缶に充填する。8本のドラム缶をコンテナ型の輸送容器に収納し、IP−2型輸送物として六ヶ所村の日本原燃の低レベル放射性廃棄物埋設センターに輸送している。

　また、海外委託再処理により発生した低レベル放射性廃棄物（使用済機器、低レベル放射性廃液固化体等）はキャニスタに収納されて返還されることとなっており、そのための輸送物が設計されている。

　原子力発電所の解体から発生する低レベル放射性廃棄物のうちLSA物質又はSCOに該当するものはIP型輸送物として処分施設に輸送される予定である。線量当量率の高い廃棄物は遮蔽を要することから、厚い遮蔽体を備えた大型輸送物が開発中である。

　以上の核燃料物質等の輸送物の例を表3−2及び図3−2以降に示す。

(10) 大型機器非梱包一体輸送

　原子力施設の解体又は機器交換から発生する放射性廃棄物は前述のように輸送規則に適合した輸送容器に収納できるような形態に前処理して処分又はリサイクルのために輸送されるのが基本であるが、前処理を行うことでかえって放射線リスクが高くなるような大型機器がある。原子炉圧力容器、蒸気発生器（SG）、給水加熱器等がこれにあたる。このような機器の外殻を輸送容器の外殻と見立てて適切な密封機能や遮蔽機能を付加して非梱包、特別措置下で輸送することが行われてきており、海外では100件を超える実績がある。このような実績に基づき一定の条件を満たす大型機器の非梱包一体輸送がIAEA放射性物質安全輸送規則2018年版にSCO−Ⅲ輸送として規定され、わが国においても2021年1月1日施行の海上輸送規則に取り入れられた（3.3項(2)③参照）。陸上輸送においてはSCO−Ⅲ輸送は特別措置下で行わなければならないが、その申請のためのガイドが原子力規制庁より与えられている。

　海外における大型機器非梱包一体輸送の例を図3−15に示す。

表3－3　核燃料物質等の輸送物の例

輸送物名	区分	輸送容器名	概略形状・寸法・重量	仕様	輸送方法	図番号
回収ウラン	IP-2 核分裂性	UOX/C	円筒状、1300φ×1600L、総重量：約1.3トン	LSA-Ⅱ（UO₂）最大29.9GBq	容器を専用固縛装置に固定、トラック又はトレーラで陸上輸送	図3-2
天然六フッ化ウラン	IP-1	48Y-JDTC	シリンダと保護機材シリンダ：1251(48in.)φ×3834L、保護機材：6668L×2438W×2100H 総重量：15.6トン	天然UF₆を約12.5トン収納 最大438GBq	フラットラック・コンテナ型保護機材に輸送物を据え付け、トレーラで陸上輸送、一般定期コンテナ船で海上輸送	図3-3
濃縮六フッ化ウラン	A 核分裂性	21PF-1	シリンダと円筒状保護容器シリンダ：762(30in.)φ×2070L、保護容器：2500L×1300W×1300H 総重量：3.9トン	濃縮度5%以下のUF₆を約2.2トン収納 最大245GBq	フラットラック・コンテナに輸送物を収納、トレーラで陸上輸送、一般定期コンテナ船で海上輸送	図3-4
濃縮ウラン粉末	A 核分裂性	BU-J	内容器とドラム缶から構成する二重容器ドラム缶：610φ×880H 内容器：350φ×680H 総重量：0.21トン	濃縮度5%以下のUO₂粉末、収納量は濃縮度により異なる 最大5.55GBq	ドラム缶をパレットに鉄バンドで固定、フラットラック・コンテナに積付けトレーラで陸上輸送。海上輸送の場合は定期コンテナ船	図3-5
新燃料集合体（軽水炉）	A 核分裂性	RAJ-Ⅱ	直方体、約5.3mL×約0.8mW×約0.8mH 総重量：1.6トン	BWR燃料集合体濃縮度5%未満、2体収納量：最大27.75GBq PWR燃料集合体濃縮度5%未満、2体	容器を固定部材で大型トラック荷台に固縛、陸上輸送	図3-6
		MFC-1	円筒形、5400L×1150W×1275H 総重量：4.3トン		外筒及び内筒とその間にバルサ材、緩衝・断熱性能あり。大型トラック、発電所港まで貨物船で輸送	図3-7
MOX燃料集合体	B(M) 核分裂性	NFT-M12B	円筒状、約2.5mφ×約6.3mL 総重量：約25トン	BWRMOX燃料集合体12体（乾式）	容器を専用架台に固縛、専用船及びキャリアで輸送	図3-8
	B(M) 核分裂性 (海外)	TN-12B (M)	円筒状、2500φ×6200L、総重量：103.4トン	BWRMOX燃料集合体12体（乾式）		図3-9
使用済燃料	B(M) 核分裂性	NFT-38B	円筒状、2600φ×6400L 最大119トン	BWR使用済燃料38体水冷式（湿式）	容器を専用架台に固縛、発電所港までキャリアで輸送、専用輸送船に積替えて着地港まで海上輸送、架台ごとキャリアに積替え陸上輸送	図3-10
		NFT-14P	円筒状、2600φ×6300L 総重量：最大115トン	PWR使用済燃料14体水冷式（湿式）		図3-11
		HDP-69B	円筒状、2482φ×6789L 総重量：最大132トン	BWR使用済燃料69体（乾式）		図3-12
高レベルガラス固化体	B(M) 核分裂性	TN28VT	円筒状、2400φ×6600L 総重量：98トン	ステンレス製キャニスタ充填のガラス固化体28体収納（20体兼用）	容器を専用の架台に固定、車両と専用輸送船で海上輸送、架台ごとキャリアに積替え管理施設へ輸送	図3-13
低レベル放射性廃棄物	IP-2	コンテナ型	角形、3200Lx1600Wx1100H 総重量　5～10トン	鋼製200㍑ドラム缶を8本収納	フォークリフト、隅金具を使った専用吊具によりトラック及び専用輸送船で埋設処分施設へ陸上、海上輸送	図3-14

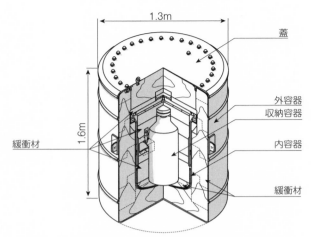

図 3 − 2　回収ウラン（UO₃）輸送物（UOX ／ C 型）[2]

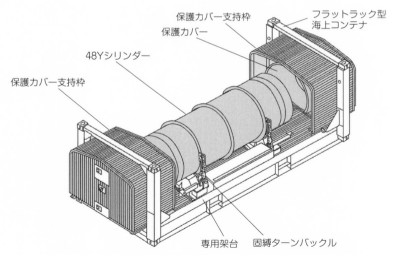

図 3 − 3　天然六フッ化ウラン輸送物（48Y-JDTC 型）[3]

六フッ化ウランシリンダー

緩衝材

保護容器

図3－4　濃縮六フッ化ウラン輸送物（21PF-1型）[2]

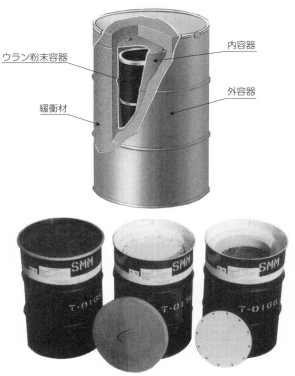

ウラン粉末容器

緩衝材

内容器

外容器

図3－5　濃縮二酸化ウラン輸送物（BU-J型）[2]

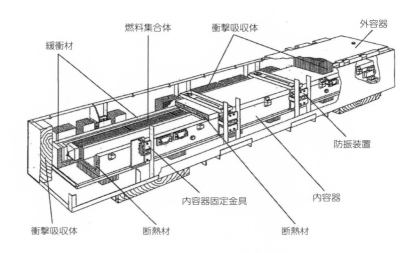

緩衝材　　　燃料集合体　　　衝撃吸収体　　　　　　　　　外容器

防振装置

内容器固定金具　　　　　　　内容器

衝撃吸収体　　　　断熱材　　　　　　　　　　断熱材

図 3 － 6　BWR 用新燃料集合体輸送物（RAJ-II 型）[4]

図 3 － 7　PWR 用新燃料集合体輸送物（MFC － 1 型）[2]

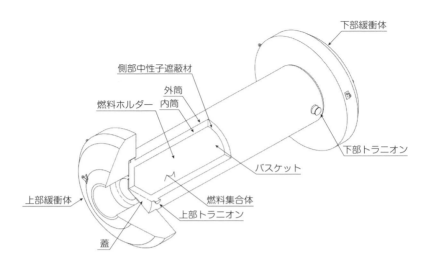

図 3 − 8　J-MOX 新燃料輸送物（NFT-M12B 型）[3]

側部中性子遮蔽材
外筒
燃料ホルダー　内筒
下部緩衝体
下部トラニオン
バスケット
燃料集合体
上部トラニオン
上部緩衝体
蓋

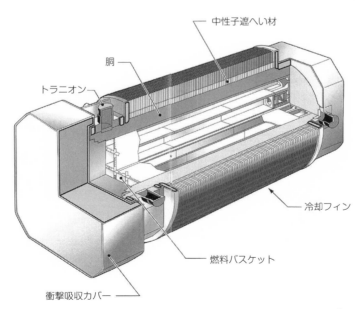

中性子遮へい材
胴
トラニオン
冷却フィン
燃料バスケット
衝撃吸収カバー

図 3 − 9　軽水炉 MOX 新燃料集合体輸送物（TN-12B (M) 型）[5]

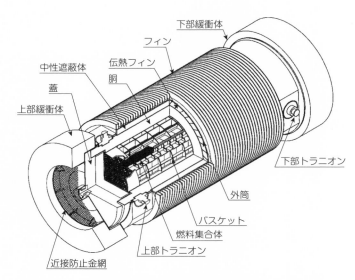

図3−10　BWR用使用済燃料輸送物（NFT-38B型）[3]

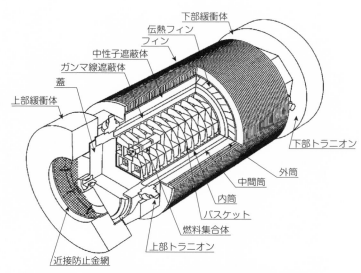

図3−11　PWR用使用済燃料輸送物（NFT-14P型）[3]

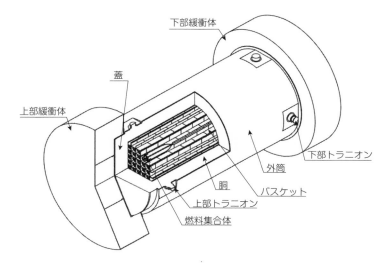

図 3 - 12　BWR 用使用済燃料輸送物（HDP-69B 型）[6]

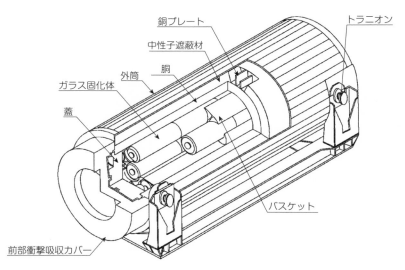

図 3 - 13　高レベルガラス固化体輸送物（TN-28VT 型）[2]

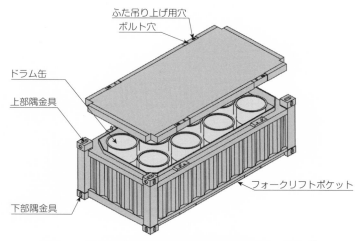

ふた吊り上げ用穴
ボルト穴
ドラム缶
上部隅金具
下部隅金具
フォークリフトポケット

図3−14　低レベル放射性廃棄物輸送物（コンテナ型）[3]

図3−15　米国における大型機器（使用済蒸気発生器）非梱包一体輸送状況[7]

《参考文献》

1) IAEA：TECDOC-375「放射性物質の安全輸送のある側面に関する国際研究 1980-1985」

2)（財）原子力安全技術センター：核燃料物質等輸送容器概要集（1997 年）

3) 原燃輸送（株）提供

4) NRC：Docket No. 71-9309, Safety Analysis Report Revision 7, ML10307359、2009 年

5) 電気事業連合会：MOX 燃料を安全に輸送します（パンフレット）

6) 日立ＧＥニュークリアエナジー（株）：提供図

7) https://www.constructionequipmentguide.com/unique-trailer-delivers-radioactive-load-to-utah/16879

第 4 章

放射性輸送物の安全輸送のための技術基準

4.1　安全輸送を確保するための基本理念

　放射性物質安全輸送規則は、一般公衆と輸送従事者の健康及び財産並びに環境を輸送される放射性物質から防護することを目的としている。このため、輸送物は収納できる放射性物質の種類と数量が制限され、その型式に応じた設計基準や輸送方法についての規則が定められている。通常の輸送時及び事故時における安全輸送確保の基本理念は以下のとおりである。

(1) 輸送物からの放射性物質の漏えい・拡散による周辺住民及び輸送従事者への被ばくを防止できること

(2) 輸送物からの放射線による周辺住民及び輸送従事者への被ばくを防止できること

(3) 収納物が核分裂性物質の場合には核分裂連鎖反応の発生を防止できること

以上の基本理念を満足させるための技術的な基準の考え方は以下のとおりである。

(1) 輸送物は収納物の性質と放射能量を考慮し人体や環境に影響を与える量の放射能が拡散しないことを保証できる構造を有すること

(2) 輸送物は外部における放射線量率を適切なレベルに維持できる構造を有すること

(3) 輸送物は収納物と輸送容器が熱的損傷を被らない構造を有すること

(4) 輸送容器と収納物の状態を保守的に評価しても臨界状態を回避できる構造を有すること

　このような考え方により、放射性物質の輸送物であっても従来使用されてきた輸送手段を用い、特殊な訓練を受けていない輸送従事者によっても安全に取り扱えるなど、他の危険物とできる限り同様に輸送できる。

　安全輸送を保証するための考え方においては、輸送時の取り扱いを種々規制することによるよりも、輸送物の適切な設計又は輸送物に自ら組み込まれた安全性によることに主眼が置かれている。これは、輸送中の安全はできる限り荷送人が責任を負うべきであるということである。すなわち、輸送物を準備する側が輸送規則の要件に合致したものであることを保証する義務を負

う。これにより運搬人が負う責任の分担が最小限に抑えられ、特別な取り扱いを最小限にして放射性物質の輸送を行うことが可能となる。

　もちろん、放射性輸送物の輸送に従事する者は、輸送物を慎重に取り扱うことが要求されるが、他の危険物を輸送する場合と大きな違いは生じない。

　また、輸送規則では、輸送物の構造に関する要件を仕様基準として詳細に規定するのではなく、性能基準として規定しているので、その基準をどのような方法で達成するかは設計者に委ねられている。

4.2　試験条件

　輸送物が有すべき技術的な性能基準が満たされていることを設計段階で評価するため、平常の輸送中に遭遇する可能性のある事象及び確率的には低いものの遭遇するかも知れない事故の条件が想定されており、前者を「一般の試験条件」、後者を「特別の試験条件」という。これらの試験条件の概要を表4－1に示す。

　輸送規則に基づく試験や解析が行われるとともに、密封性能に異常がなくまた放射線の影響がないことを確認することが求められている。

　なお、本書では、核燃料物質等の輸送を中心に記載しているが、輸送規則は医療や工業用のRI（放射性同位元素）等にも適用される。医療や工業用のRI等の放射性物質は段ボール箱に収納されて輸送されるものがあり、これらの輸送物では、一般の試験条件が評価項目となる。

(1) 一般の試験条件

　平常の輸送状態で遭遇する可能性のある事象に耐える能力を実証することを目的としている。一般の試験条件の試験は、輸送物が激しい降雨にさらされたり、車両や船舶への積み込みや荷下ろしの際に取り扱いを誤り地上に落としてしまったり、太陽の下に放置されたりするなど、平常の輸送時に想定される軽微な異常事象を模擬して行うものであり、①水の吹付け試験、②自由落下試験、③積み重ね試験、④貫通試験、⑤環境試験の試験項目を連続して行う。各々の試験項目を以下に解説する。

① 水の吹付け試験

　50mm／hの雨量に相当する水を1時間吹き付ける。これは輸送物が雨に濡れてもその健全性を失わないことを証明するためのものであり、特に段ボール箱に収納されたRIなどのA型輸送物の場合に重要である。

表4−1　核燃料輸送物に対する試験条件

試験条件	試験内容	IP-2	IP-3	A型	BM型	BU型	核分裂性
1. 一般の試験条件							
(1) 水の吹付け試験	50mm/hの雨量に相当する水を1時間吹き付ける。	○	○	○	○	○	○
(2) 落下試験	(1)の試験後に、輸送物の重量により次の高さから最大の損傷を及ぼすように落下させる。 　　5トン未満　　　　　　　　1.2m 　　5トン以上10トン未満　　0.9m 　　10トン以上15トン未満　0.6m 　　15トン以上　　　　　　　0.3m 軽量の輸送物は0.3mコーナー落下を追加	○	○	○	○	○	○
(3) 積み重ね試験	重量の5倍の荷重又は鉛直投影面積に13kPaを乗じた荷重のうちの大きい荷重を24時間加える。	○	○	○	○	○	○
(4) 貫通試験	軟鋼棒（重量6kg、直径3.2cm、先端が半球形）を1mの高さから落下させる。	○	○	○	○	○	○
(5) 落下試験	9mの高さから最大の破損を及ぼすように落下させる。			液体/気体			
(6) 貫通試験	軟鋼棒（重量6kg、直径3.2cm、先端が半球形）を1.7mの高さから落下させる。			液体/気体			
(7) 環境試験	38℃の環境に1週間置く。			○	○		
2.特別の試験条件							
(1) 落下試験Ⅰ	9mの高さから最大の破損を及ぼすように落下させる。				○	○	○1)
(2) 落下試験Ⅱ	垂直に固定した軟鋼丸棒（直径15cm、長さ20cm）に1mの高さから落下させる。				○	○	○1)
(3) 落下試験Ⅲ	軽量の輸送物に軟鋼板（重量500kg、縦・横1m）を水平に落下させる。				○		○1)
(4) 耐火試験	800℃の環境に30分置く。				○	○	○1)
(5) 浸漬試験	深さ15mの水中に8時間浸漬させる。				○	○	○2)
(6) 浸漬試験	深さ200mの水中に1時間浸漬させる。				○3)	○3)	○
(7) 浸漬試験	深さ0.9mの水中に8時間浸漬させる。						○1)

注）1）及び2）核分裂性輸送物に係る試験条件については、一般の試験条件後に1）の試験条件を行うものと、2）の試験条件を行うもののうち、厳しい方を行う。
　　3）10⁵A₂を超える放射能を有する核燃料物質等が収納されている輸送物に適用する。

② 自由落下試験

　非降伏面（剛体面）に向けて輸送物が最も損傷を受けるように落下衝突させる。これは輸送作業中に取り落としたときに輸送物がその健全性を失わないことを証明するためのものである。自重の大きい輸送物にとって重要な試験である。自由落下高さは輸送物の質量により以下のように定められている。

　1）15トン以上の場合　0.3m（使用済燃料、高レベル放射性廃棄物等）

　2）10〜15トン未満の場合　0.6m（天然六フッ化ウラン等）

　3）5〜10トン未満の場合　0.9m（一部の低レベル放射性廃棄物）

　4）5トン未満の場合　1.2m（低レベル放射性廃棄物、濃縮六フッ化ウラ
　　　ン、二酸化ウラン、新燃料集合体、MOX燃料、酸化プルトニウム等）

③ **積み重ね試験**

　24時間の間、実輸送物の自重の5倍以上の圧縮荷重又は輸送物の垂直投影面積に13kPaを乗じた荷重を加える。荷重は輸送物の上面に一様に加える。これは長時間にわたって輸送物を圧迫する重みの影響を模擬し、その輸送物が健全性を失わないことを証明するためのものである。

④ **貫通試験**

　直径3.2cmの半球状の先端をもつ重さ6kgの棒を1mの高さから長手方向に垂直に、輸送物表面の最も弱い部分に落下させる。これは、例えばバイクで紙箱輸送物を輸送する場合に、輸送物を降ろした後にバイクが転倒し、ハンドルが輸送物に突き刺さったときを想定しても、その健全性を失わないことを証明するためのものである。

⑤ **環境試験**

　周囲の温度が38℃の環境に1週間放置する試験である。これは輸送途上で暑いところを通る場合においても、輸送物がその健全性を失わないことを証明するためのものである。

　以上のような一般の試験条件に対する適合基準は以下のとおりである。

　1）輸送物の表面の線量当量率が著しく増加しないこととし、最大線量当
　　　量率は2mSv/h以下であること。

　2）IP−2型、IP−3型及びA型輸送物では漏えいがないこと。BU型及
　　　びBM型輸送物では$A_2 \times 10^{-6}$／hを超える漏えいがないこと。

　漏えいの適合基準では、大量の放射能を収納するBU型及びBM型輸送物に比べてIP−2型、IP−3型、A型輸送物の方が厳しいように見えるが、IP−2型、IP−3型、A型輸送物では収納物を放出するようなことがないこと、すなわち輸送物の密封装置に損傷がないことを意味していると解釈で

きる。一方、BU 型及び BM 型輸送物の場合は試験又は解析によってこの漏えい率以下であることを立証する必要がある。

(2) 特別の試験条件

特別の試験条件は、確率は低いものの遭遇する可能性が想定される事故条件に耐える能力を実証することを目的としている。すなわち、輸送中に輸送車両が衝突したり、船に積み込む時に海の中に落としてしまったり、火災などの思いもかけない過酷な事故を模擬している。この試験は BU 型及び BM 型輸送物並びに核分裂性輸送物に適用される。①落下試験（落下試験Ⅰ、落下試験Ⅱ）、②耐火試験、③浸漬試験、④環境試験を定められた順序で行う。それぞれの試験項目を以下に解説する。

① 落下試験

適用される全ての輸送物に対して 2 種類の試験が課される。落下試験Ⅰ及び落下試験Ⅱが要件とされており、2 種類の標的に対して輸送物が最大の損傷を受けるような姿勢で落下試験を行う。

1）落下試験Ⅰ

9 m の高さから水平な非降伏面（剛体床面）に輸送物を落下させる。これは衝突や高所からの転落などの衝撃事故を、非降伏面への落下試験で模擬したものであり、9 m の高さからの衝突速度は時速約 50km に相当する。

ほぼ 100% の衝撃力が輸送物に作用することから、輸送物にとって非常に厳しい試験となっている。この試験と同じ損傷を輸送物に与えるためには、コンクリートや岩石のような硬い面で 65 〜 120km ／ h、土壌、水面、車両構造物などでは 100 〜 300km ／ h の速度が必要となる。図 4 − 1 に実物大の使用済燃料輸送容器で実施した 9 m 水平落下試験時の写真を示す。

なお、規則に規定された一定の条件に適合する小型の軽量輸送物に対しては、落下試験Ⅰの代わりに 500kg、縦・横 1 m の軟鋼板を 9 m の高さから輸送物の上に水平に落下させる「落下試験Ⅲ」を課す。これは、軽量輸送物の場合、落下した場合よりも重量物が落下してきて衝突した場合の方が輸送物に与える損傷がより厳しいと考えられたためである。

図4－1　使用済燃料輸送容器の9m水平落下試験[1]

2) 落下試験Ⅱ

　直径15cmの軟鋼棒上に1mの高さから輸送物を落下させる。軟鋼棒は標的面に固定され、標的面から最低20cm以上突き出ていなくてはならない。

　この試験は、輸送中において突起物への衝突や係船柱（係留設備）への輸送物の落下といった衝撃事故を模擬しているが、輸送物への衝撃力の集中を考えると非常に厳しい試験条件である。

　図4－2に実物大の使用済燃料輸送容器の鋼棒上への1m落下試験時の写真を示す。

図4－2　使用済燃料輸送容器の鋼棒上への1m落下試験[1]

② 耐火試験

　平均火炎温度が少なくとも800℃の熱的環境に30分間、輸送物を置くことが要件となっている。輸送物に生じた燃焼は自然に消火するまで継続させておかねばならない。これは放射性輸送物を輸送する車両が窪地の側溝のない十字路で、液体燃料を運ぶタンクローリーと衝突し火災が発生する場合を想定して課される試験である。この試験要件では、遭遇する火災がすべて800℃以下であるとしているのではなく、局所的には800℃を超える温度環境下になることがあっても、火災持続時間の平均温度を考えれば、遭遇する火災が試験要件内に包含されると考えられたためである。

　図4−3に実物大の使用済燃料輸送容器の炉内耐火試験時の写真を示す。

図4−3　使用済燃料輸送容器の耐火試験[1]

③ 浸漬試験

　輸送物を深さ15mの水中に8時間以上浸漬しておく。これは輸送物が海や湖又は河川に落ちた時、水圧により輸送物が破壊することがないこと及び浸入した水により臨界にならないことを証明するための試験条件である。

　また、37PBq以上の放射性物質を収納した輸送物に対しては、深さ200m相当の水圧下で1時間以上浸漬する試験が追加される。この試験により、密封装置の破損による内容物の漏出がないことを確認する。

　これは海上輸送において運搬船が沈没することを想定したものであるが、200m浸漬という条件は、それより浅い海底に沈没した場合はサルベージの

可能性があり、それより深い海に沈んだ場合は、輸送物からの放射性物質の漏えいによる環境への影響が十分小さいという評価結果に基づいている。

④ 環境試験

　周囲の温度が 38°C の環境に 1 週間放置する。上述の①、②及び③の試験を実施した後に行うものである。

　以上の特別の試験条件に対する適合基準は以下のとおりである。

　1）輸送物表面から 1 m における線量当量率が 10mSv ／ h 以下であること。

　2）放射性物質の漏えいは 1 週間当たり A_2 値以下であること。

　なお、核分裂性輸送物については、核分裂性輸送物に対して規定された試験条件及び評価条件のもとで未臨界性が確保できなければならない。

(3) 六フッ化ウラン輸送物に課される耐火試験

　1984 年には、天然六フッ化ウランを輸送中の仏船モンルイ号の沈没事故 [2),3)]、1986 年には、米国オクラホマ州の天然六フッ化ウラン製造工場でシリンダ加熱中に破裂するという事故 [4)] があった。

　これらの事故を機に IAEA で六フッ化ウラン輸送物の安全性が再検討され、放射線によるリスクは大きくないが、大気中に漏えいした場合に空気中の湿分と反応して腐食性の高いフッ化水素が発生することから、0.1kg 以上の六フッ化ウランを収納するよう設計された輸送物は、800℃、30 分の耐火試験の要件が課された。この試験条件に置かれた場合、密封装置の破壊があってはならない。

　ただし、9,000kg 以上の六フッ化ウランを収納するよう設計された輸送物は、この耐火試験要件を満たさない場合でも、規制当局が承認すれば輸送に使用できる。これは、9,000kg 以上の六フッ化ウランを収納するように設計された非常に大きな輸送物は、熱容量が大きいため、熱的保護カバーなしでも 800℃、30 分の耐火試験下で大規模な破裂が生じないと考えられていることによる。

4.3　輸送物の種類と技術基準

　上述のように、収納物の性質と放射能量を考慮して輸送物の型式ごとの技術基準として試験条件及びそれに対する適合基準が定められている。それぞれの輸送物は経年変化を考慮した上でその技術基準に適合していることを試験、解析又はその他の合理的な根拠により確認することが課されている。また、核燃料物質等は国際的に輸送されることがあるため、IAEA において放射性物質安全輸送規則が制定され、わが国における放射性物質の安全輸送に関する規則はこれを取り入れている。

(1) 輸送物の型式と技術基準

　輸送物の型式ごとに課されている技術基準は以下のとおりであり、表4−2に一覧表で示す。

① L 型輸送物

　L 型輸送物は、放射性物質の危険性を極めて小さなものとするように収納量が制限されている。そのため、通常の輸送時において収納物が輸送物の外に漏出して放射線障害が生じることがないよう、以下に示す基準が適用される。

　1) 輸送物を容易に、かつ安全に取り扱うことができること

　2) 輸送物の運搬中に予想される温度及び内圧の変化、振動などにより、き裂、破損などの生じるおそれがないこと

　3) 輸送物の表面に不要な突起物がなく、かつ表面の汚染の除去が容易であること

　4) 輸送容器の材料相互の間、及び輸送容器材料と収納される放射性物質等との間で危険な物理的作用又は化学反応の生じるおそれがないこと

　5) 輸送物に弁がある場合、誤操作されない措置を施すこと

　6) 開封されたときに見やすい場所に「放射性」（又は「RADIOACTIVE」）の文字の表示があること

　L 型輸送物の表面の汚染密度限度の基準は、

　○ α 線を放出する放射性物質について 0.4Bq ／ cm^2 以下

　○ α 線を放出しない放射性物質について 4Bq ／ cm^2 以下

表４－２核燃料輸送物に課される技術基準 [5]

基準＼輸送物の種類	L型	IP型			A型	BM型	BU型
		IP-1	IP-2	IP-3			
1. 取扱いが容易かつ安全であること。	○	○	○	○	○	○	○
2. 運搬中にき裂、破損等のおそれがないこと。	○	○	○	○	○	○	○
3. 不要な突起物がなく、除染が容易であること。	○	○	○	○	○	○	○
4. 材料相互間及び材料と収納物間で物理的、化学的作用がないこと。	○	○	○	○	○	○	○
5. 弁が誤操作されない措置を講じること。	○						
6. 開封された時に見やすい位置に「放射性」の表示をすること。	○						
7. 表面汚染が表面密度限度以下であること。[1]	○	○	○	○	○	○	○
8. どの辺も10cm以上であること。	○[2]						
9. シールの貼付け等の封印をすること。					○	○	○
10. 構成部品が-40℃から70℃で運搬中にき裂、破損のおそれがないこと。					○	○	○
11. 周囲圧力60kPaの下で漏えいがないこと。					○	○	○
12. 液体を収納する場合、2倍の吸収材又は二重の密封装置をすること。					○	○	○
13. 液体を収納する場合、空間を考慮すること。					○		
14. 輸送物の線量当量率が次の基準値以下であること。							
(1) 表面(mSv/h)	0.005	2	同左	同左	同左	同左	同左
(2) 表面から1mの位置(mSv/h)[3]		0.1	同左	同左	同左	同左	同左
15. 不要な物品を収納していないこと。					○	○	○
16. 一般の試験条件下で							
(1) 表面の線量当量率に著しい増加がないこと。			○	○	○	○	○
(2) 表面の最大線量当量率(mSv/h)			2	同左	同左	同左	同左
(3) 放射性物質の許容漏えい率（1時間当り）			なし	同左	同左	$A_2 \times 10^{-6}$	同左
(4) 表面の温度が50℃以下(専用積載の場合は85℃以下)であること。						○	○
(5) 表面汚染が表面密度限度以下であること。						○	○
17. 特別の試験条件下で							
(1) 表面から1mの位置での最大線量当量率は10(mSv/h)であること。						○	○
(2) 放射性物質の許容漏えい率(1週間当り)はA_2値であること。[4]						○	○
18. $10^5 A_2$を超える核燃料物質等を収納する場合、200m浸漬試験下に置くこと。						○	
19. 運搬中に想定される最低温度から38℃までの温度でき裂、破損等のおそれのないこと。						○	
20. -40℃から38℃までの温度で性能維持できること。							○
21. フィルタ、機械的冷却装置を使用しないこと。							○
22. 最高使用圧力が700kPa以下であること。							○

注1) 表面密度限度はIP型、A型、BU型及びBM型について非固定の表面汚染密度がα線を放出する核種については0.4Bq/cm^2、α線を放出しない核種については4Bq/cm^{2}を超えないこと。
　2) 核分裂性物質が収納される場合。
　3) コンテナ・タンクについては規定の係数をかけた値が0.1を超えないこと。
　4) クリプトン85は100TBq。

　輸送物表面における線量当量率の基準は 0.005mSv／h 以下である。

② IP 型輸送物

　IP 型輸送物は、収納物の放射能濃度（比放射能）又は表面汚染密度が一定限度以下で、危険性が少ないものに限定されており、万一、事故に遭遇しても放射線障害が発生しないように収納物と輸送容器の両方に基準が設けられている。非固定性の表面汚染の密度限度はＬ型輸送物と同じであり、線量当量率についての基準は、

○ 輸送物の表面における線量当量率は、2mSv ／ h 以下

○ 表面から 1m における線量当量率は、0.1mSv ／ h 以下

である。また、収納物の種類により IP 型輸送物は、IP − 1 型、IP − 2 型及び IP − 3 型の 3 種類に分けられ、以下に示す基準が適用される。

1) IP − 1 型輸送物：「L 型輸送物の基準」に加えて、どの辺の大きさも 10cm 以上とすること。

2) IP − 2 型輸送物：「IP − 1 型輸送物の基準」に加えて、「一般の試験条件」のうちの自由落下試験及び積み重ね試験を行う場合に、放射性物質の漏えい及び表面における線量当量率などの基準を満足すること。

3) IP − 3 型輸送物：「IP − 2 型輸送物の基準」に加えて、水の吹付け試験及び貫通試験を課し、その条件に対して放射性物質の漏えい及び表面における線量当量率などの基準を満足すること、周囲の圧力を 60kPa（絶対圧）とした場合に漏えいがないこと。この試験条件は、固体の放射性物質を収納した A 型輸送物に対する一般の試験条件と同じである。なお、放射性物質の漏えい基準や表面線量当量率の基準等については後述する。

③ A 型輸送物

A 型輸送物は、収納物の放射能量が規定値以下に限定されているが、万一、輸送中に事故に遭遇しても放射線障害が発生しないように構造基準が規定されている。その基準は「IP − 1 型輸送物の基準」に加えて前述の「一般の試験条件」を課し、その条件に対して放射性物質の漏えい、表面における線量当量率などの規定を満足することとされる。

④ BU 型及び BM 型輸送物

BU 型及び BM 型輸送物は、A 型輸送物の放射能量の限度を超える大量の放射性物質を収納することから、輸送中に大事故に遭遇しても放射性物質が輸送容器の外に漏出することによって放射線障害が発生することがないように、密封機能を輸送容器で担保できるよう厳しい技術上の基準が課されている。

BU 型及び BM 型輸送物の基準は、「A 型輸送物の基準」に加えて前述の「特別の試験条件」を課し、その条件に対して放射性物質の漏えい、輸送物の表面から 1 m における線量当量率の基準を満足することが規定されている。

BU 型輸送物はその発送国の承認により国際間の輸送が行われることから、輸送途上の国や受入国における輸送環境（特に環境温度）及び輸送途上における輸送物の管理状況などを考慮し、以下の基準が追加される。

　1) 輸送容器は－ 40℃から 38℃までの周囲温度で性能を維持すること。

　2) 輸送物の熱除去のため、フィルタ及び機械的冷却装置を使用しないこと。

　3) 輸送容器内部の使用圧力は 700kPa（ゲージ圧）以下とすること。

　さらに、BU 型及び BM 型輸送物については海上輸送における運搬船の沈没事故を考慮し、37PBq を超える放射性物質を収納する場合、200m 浸漬試験を行うこととし、密封装置が損傷を受けないことを規定している。

⑤ 核分裂性輸送物

　核分裂性物質は、平常の輸送及び事故時に遭遇する可能性のある条件の下で未臨界が維持できるように梱包され、かつ輸送されなければならない。前述のように、核分裂性輸送物としては IP 型輸送物、A 型輸送物並びに BU 型及び BM 型輸送物があり、各型式の輸送物に対する技術基準に加えて下記の項目を考慮しなければならない。

　1) 輸送物中への浸水又は輸送物からの水漏れ

　2) 組み込まれた中性子吸収材又は中性子減速材の性能の喪失

　3) 輸送物の中での、又は輸送物からの喪失の結果として起こりうる放射性収納物の再配列

　4) 輸送物相互間又は放射性収納物相互間の間隔の減少

　5) 輸送物の水没又は雪への埋没

　6) 温度変化により起こり得る影響

　核分裂性輸送物に対して臨界安全を担保するために別途に課される前述の技術基準を表 4 － 3 にまとめる。

(2) 輸送規則を超える苛酷な事象

　輸送規則を超える苛酷な事象については規制対象ではないが、世界各国で様々な研究が実施されている。表 4 － 4 に実施された研究例を示す。

表4−3　核分裂性輸送物に課される技術基準

核分裂性輸送物の置かれた条件		技術基準
一般の試験条件		容器の構造部に1辺10cmの立方体を包含するくぼみが生じないこと 外接する直方体の各辺が10cm以上であること
孤立系（輸送物を水で満たすこと、中性子増倍率が最大となる配置及び減速状態、20cm厚さの水反射）		未臨界であること
一般の試験条件	孤立系	未臨界であること
	配列系（20cm厚さの水反射）中性子増倍率が最大となる状態で輸送制限個数の5倍に相当する個数積載することとした場合	未臨界であること
特別の試験条件	孤立系	未臨界であること
	配列系（20cm厚さの水反射）中性子増倍率が最大となる状態で輸送制限個数の2倍に相当する個数積載することとした場合	未臨界であること

表4−4　輸送容器の苛酷事象に関する研究例

実施機関	対象容器	事象	実施内容
サンディア国立研究所（米国）	B型輸送容器	衝突	① コンクリートブロック〈690トン〉への衝突事故[6] ・容器を載せた鉄道貨車を約130km／h（81miles/h）で衝突させた実験 ・容器を載せたトラックを約97km／h（60miles/h）で衝突させた実験 ② 容器に150トンのディーゼル機関車を約130km／h（81miles/h）で衝突させた実験[6]
同上	BU型輸送容器	火災	容器を約982℃（1800°F）、90分のオープン火災に曝す実験[7]
NRC（米国）	BU型輸送容器	トンネル火災	2001年に実際に発生したボルチモアトンネル〈長さ2.7km、高さ6.7m、幅8.2m〉内での火災事故条件（約108kLのトリプロピレンを積んだ貨車が火災を起こし、火災が自然に消えるまで約12時間継続）を前提に、この火災事故に輸送容器が巻き込まれた場合の熱解析を実験[7]
CEGB（英国）	BU型輸送容器	衝突	容器に140トンのディーゼル機関車（3両の客車を連結）を約160km／h（100miles/h）で衝突させた実験（図4−4）[8]
BAM（独国）	BU型輸送容器	LPGタンクの爆発	LPGタンクの貨車の横に容器を置き、LPGタンクを火災で爆発させる実験（図4−5）[9]
電中研（日本）	BM型輸送容器	高速飛来物衝突	航空機落下衝突を想定し、容器にエンジンを模擬した直径500mm、質量300kgの飛来物を約238km／hで衝突させた実験（図4−6）[10]

図4－4 輸送容器への列車衝突実験例 [8)]

（a）試験前 （b）試験後

図4－5 輸送容器の横で LPG タンクを火災により爆発させる実験例 [9)]

（a）試験装置全景 （b）輸送容器蓋部に衝突する飛来物

図4－6 輸送容器蓋部への高速飛来物衝突試験例 [10)]

《参考文献》

1) 経済産業省資源エネルギー庁：貯蔵容器（パンフレット）

2) C.Ringot et al., L' Accident du Mont-Louis et la Securite Nucleaire, Proceedings of PATRAM '86.

3) B.Augustin, The Sinking of the Mont-Louis and Nuclear Safety, IAEA Bulletin, Spring 1985.

4) NRC, Rupture of Model 48Y UF_6 Cylinder and Release of Uranium Hexafluoride, NUREG1179(Vol.1), 1986.

5) 日刊工業新聞社：原子力eye　2002年10月

6) H.Yoshimura, Lull Scale Simulations of Fires of Accidents on Spent-Nuclear-Fuel Shipping Systems, Proceedings of PATRAM '78.

7) E.P.Easton et al., Effects of Tunnel Fires on Behavior of Spent Nuclear Fuel Casks, Packaging, Transport, Storage & Security of Radioactive Materials (Vol.18,No.3), 2007.

8) R.A.Blythe et al., The Central Electricity Generating Board Flask Test Project, Proceedings of PATRAM '86.

9) B.Droste et al., Impact on an Exploding LPG Tank Car onto a CASTOR Spent Fuel Cask, RAMTRANS (Vol.10, No.4), 1999.

10) 電力中央研究所：航空機衝突時の使用済燃料貯蔵施設の耐衝撃性評価（その2）−縮尺金属キャスクを用いた高速飛来物水平衝突試験−、研究報告：N08079（2009）

第5章
安全輸送のための法体系

5.1　危険物輸送に係る安全輸送のための国際的な規制枠組み

　核燃料物質等を含む放射性物質を始めとする火薬類、高圧ガス、引火性液体類など表5−1に示す危険物の安全輸送に関する要件は、国連の経済社会理事会（ECOSOC）に設置された「危険物輸送並びに化学物質の分類及び表示に係る世界調和システムに関する専門家委員会」で策定されるが、放射性物質の輸送に関してはIAEAが委任されてその役割を担っている。

表5−1　国連危険物輸送に関する勧告—モデル規則による危険物分類

クラス分類	名　　称
クラス1	火薬類
クラス2	高圧ガス
クラス3	引火性液体類（低、中、高引火性）
クラス4	可燃性物質類（固体、自然発火性、その他）
クラス5	酸化性物質類
クラス6	毒物類（毒物、病毒物）
クラス7	放射性物質
クラス8	腐食性物質
クラス9	有害性物質

　IAEAは、加盟国内及び国際間輸送に関し、全ての輸送モードにわたる放射性物質の輸送に適用する安全輸送規則を1961年に初めて制定、その後1964年及び1967年の2度の改訂の後、1973年、1985年及び1996年と約10年ごとに包括的な改訂を行った。IAEA放射性物質安全輸送規則は、加盟国及び関連する国際機関への勧告の位置付けであるが、1969年までにほとんどの国際機関で採択され、わが国における1978年取入れを始め多くの加盟国で自国の法令に取り入れられている。現在では、危険物の輸送に関する国連勧告−モデル規則の見直し頻度が2年ごととなっているので、この制度と調和するように2001年以降はIAEAの安全輸送規則も2年ごとに見直しが行われ、必要があれば改訂されている。

　さらに、IAEAでは安全輸送規則を補完するガイド文書も制定している。IAEAの安全輸送に係る文書体系を表5−2に示す。また、国際的枠組みとわが国の放射性物質安全輸送法令の関係を図5−1に示す。わが国の関係法

令への取り入れは、原子力規制委員会、国土交通省、放射線審議会等の決定
に基づいて行われる。

表5－2　IAEA の放射性物質安全輸送に係る文書体系

文書分類	図書番号	名称
個別安全基準文書	SSR-6（Rev.1）	安全輸送規則
個別安全指針文書	SSG-26（Rev.1）	助言文書
	SSG-65	緊急時準備及び対応
	TS-G-1.3	放射線防護計画
	TS-G-1.4	マネジメントシステム
	TS-G-1.5	適合保証
	SSG-33（Rev.1）	要綱（スケジュール）
	SSG-66	輸送物設計安全報告書様式及び内容

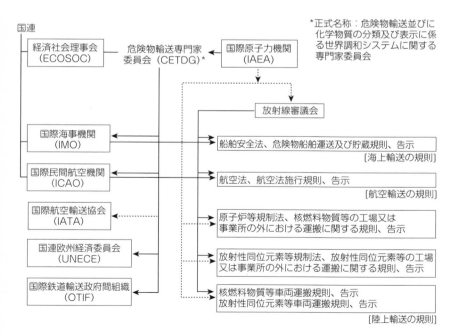

図5－1　IAEA 放射性物質安全輸送規則と国際・国内輸送規則との関係

5.2　核燃料物質等の輸送に関するわが国の法令

　わが国の核燃料物質等の輸送に関する法令規則類は IAEA の放射性物質安全輸送規則（1973 年版以降、改定ごとの版。現在は SSR-6（Rev.1）2018 年版が最新）を取り入れ、わが国の国情を考慮して制定、改正されてきている。

　核燃料物質等（核燃料物質又は核燃料物質により汚染された物）の輸送は「核原料物質、核燃料物質及び原子炉の規制に関する法律」（原子炉等規制法と略称）により、放射性同位元素等（放射性同位元素又は放射性同位元素によって汚染された物）の輸送は「放射性同位元素等の規制に関する法律」によりそれぞれ別々に規制されている。

　核燃料物質等の輸送に関する法令・規則・告示・通達は陸上、海上及び航空輸送のモードごとに表 5 − 3 に示すとおり制定されている。さらに事業所外運搬時の事故対策の強化が図られる原子力災害対策特別措置法のような輸送モードによらず共通する法令もあり、地方自治体と原子力事業者との間の安全協定による取り決め項目や原子力事業者独自で実施する事項もある。

　核燃料物質等を輸送する際、事業所の外で行う場合と事業所内で輸送する場合があり、それぞれの輸送に対する規制がある。事業所内の輸送は公道や一般公衆の関与がない範囲で行われ、専門の技術者によって管理されることから規制は若干簡略化される。表 5 − 3 では事業所内における輸送関係規則・告示等は省略している。

　核燃料物質等の輸送を規制する主務当局の分担は、事業所の内外、事業所の区分、輸送モードにより図 5 − 2 に示すように定められている。

　核燃料物質等を事業所外で陸上輸送する場合、原子炉等規制法第 59 条第 1 項により原子力規制委員会又は国土交通省令で定める技術上の基準に従い保安上の措置を講じなければならず、同条第 2 項により災害の防止及び特定核燃料物質の防護のため必要ある場合は、原子力規制委員会又は国土交通大臣の確認を受けなければならないとされている。その詳細は規則、告示等で定められている。

　核燃料物質等を船舶輸送する場合、船舶安全法第 28 条により、危険物の船舶運送及び貯蔵に関する事項は国土交通省が定めるとされ、同様に規則、

告示等で詳細が定められている。さらに公共の安全を図るため運搬の経路、
日時等は、陸上輸送にあっては都道府県公安委員会に、海上輸送の場合は管
区海上保安本部に届け出ることになっている。

表5－3 核燃料物質等の輸送に係る規制法令

輸送モード	陸上輸送	海上輸送	航空輸送注2)
輸送システム	車両による道路輸送注1)	船舶（専用船、混載）による海上輸送）	航空機（貨物機専用積載、旅客機混載）
法律・施行令・規則・告示等	・核原料物質・核燃料物質及び原子炉の規制に関する法律、同施行令 ・核燃料物質等の工場又は事業所の外における運搬に関する規則 ・核燃料物質等の工場又は事業所の外における運搬上の技術上の基準に関する細目等を定める告示 ・核燃料物質等車両運搬規則 ・核燃料物質等車両運搬規則の細目を定める告示 ・核燃料物質等の事業所外運搬に係る危険時における措置に関する規則 ・核燃料物質等の運搬の届出等に関する内閣府令	・船舶安全法、同施行規則 ・危険物船舶運送及び貯蔵規則 ・船舶による放射性物質等の運送基準の細目等を定める告示 ・船舶による危険物の運送基準等を定める告示 ・港則法、同施行令、同施行規則 ・核燃料物質等の事業所外運搬に係る危険時における措置に関する規則	・航空法 ・航空法施行規則 ・航空機による放射性物質等の輸送基準を定める告示 ・核燃料物質等の事業所外運搬に係る危険時における措置に関する規則
通達等	・工場又は事業所の外において運搬される核燃料輸送物に関する原子力規制委員会の確認等に係る運用ガイド（原子力規制庁 原子力規制部 検査監督総括課） ・核燃料物質等の工場又は事業所の外における運搬に係る核燃料輸送物設計承認及び容器承認等に関する申請手続ガイド（原子力規制委員会） ・放射性同位元素等車両運搬規則関係取扱要領及び核燃料物質等車両運搬規則関係取扱要領について（依命通達）	・危険物船舶運送及び貯蔵規則に基づく放射性輸送物の安全の確認等について（海事局長） ・危険物船舶運送及び貯蔵規則の一部を改正する省令の施行に伴う管区海上保安本部の長の行う事務について（依命通達）	・放射性物質等の輸送規制について（航空局長） ・放射性輸送物輸送確認申請に添付する「輸送計画書」の記載事項等について（運航課長） ・放射性輸送物確認申請書に添付する「安全解析書」の記載事項等について（運航課長）
共通法律・規則等	・原子力災害対策特別措置法、同施行令、同施行規則、関連通達		
安全協定・自主	・事前説明、計画書の提出、輸送本部の設置・解散の報告、異常時通報、検査立会等	―	

注1：わが国においては鉄道による貨車輸送は実施されていない。
注2：核燃料サイクル関係の核燃料物質等の航空輸送は試料程度である。

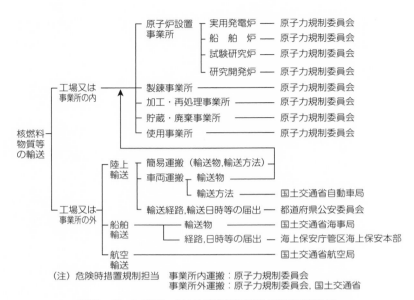

図5－2　わが国における核燃料物質等の輸送規制体系

　航空機による輸送の場合、核燃料物質等は航空法第86条により原則的には禁止される物件となっているが、同法施行規則第194条第2項により、各輸送物が技術基準及びその他の基準に適合する場合は禁止物件に含まれないとされている。しかしながら、規則類は整備されているものの、形状、寸法、質量、取り扱い等の制約から、世界的にも核燃料サイクル関連の核燃料物質等の航空輸送はまれである。

　いずれの輸送モードにおいても危険時の措置として、原子炉等規制法第64条に基づく危険時措置規則により、災害が発生するおそれがあり、又は発生した場合においては、事業者等は直ちに応急の措置を講じなければならないとされている。

　なお、わが国の法令では、原子炉等規制法で「運搬」、船舶安全法で「運送」、航空法では「輸送」と用語の相違がある。これにはそれぞれの輸送モードの法制定時の歴史的な背景があると思われるが、IAEA放射性物質安全輸送規則における用語の意味は以下のように定義、又は意味付けされている。すな

わち、「Transport」は容器の設計、製作、保守修理、収納物及び輸送物の準備、発送、荷積、保管を含む運送、貯蔵後運搬、荷下ろし、受け取りまでの全ての作業及び状態を指すとしており、日本語訳では「輸送」を当てている。

　「Shipment」は発送地から最終目的地に至る委託貨物の特定の移動を指しており、日本語訳では「運搬」が当てられている。また、「Carriage」は正式な定義はされていないが、物を移動させていく動作と狭い意味で使われており、日本語訳では「運送」とされている。

5.3　核燃料輸送物の設計承認申請の手順

　核燃料物質等の輸送物で国による確認が必要とされる場合としては、BU型又はBM型輸送物並びに核分裂性物質又は 0.1kg 以上の六フッ化ウランを収納する輸送物等であるが、陸上輸送又は海上輸送を伴う陸上輸送の場合は原子力規制委員会に、また、海上輸送のみの場合は国土交通省に核燃料輸送物確認の申請をする。そのうち、輸送容器を繰り返し輸送に使用する場合には事前に原子力規制委員会又は国土交通省に輸送物の設計承認を申請することができる。これを受けた当局は輸送規則に適合することを審査し承認する。

　輸送物設計承認申請書の記載項目は以下のとおりである。

(1)　核燃料輸送物の名称

(2)　核燃料輸送物の外形寸法、重量及び主要材料

(3)　核燃料輸送物の種類

(4)　収納する核燃料物質等の種類、性状、重量及び放射能の量

(5)　輸送制限個数

(6)　運搬中に予想される周囲の温度の範囲

(7)　収納物の臨界防止のための核燃料輸送物の構造に関する事項

(8)　臨界安全評価における浸水の領域に関する事項

(9)　収納物の密封性に関する事項

(10)　BM型輸送物にあっては、BU型輸送物の設計基準のうち適合しない基準についての説明

(11)　輸送容器の保守及び核燃料輸送物の取扱いに関する事項

(12)　輸送容器に係る品質管理の方法等（設計に係るものに限る。）に関する
　　　事項

(13)　その他特記事項

この他に次の記載事項からなる安全解析書を添付する。

・（イ）章　核燃料物質等の説明：目的及び条件、核燃料輸送物の種類、
　　　　　　輸送容器、輸送容器の収納物

・（ロ）章　核燃料輸送物の安全解析：構造解析、熱解析、密封解析、
　　　　　　遮蔽解析、臨界解析、外運搬規則及び外運搬告示に対する
　　　　　　適合性の評価

・（ハ）章　輸送容器の保守及び核燃料輸送物の取扱い方法

・（ニ）章　安全設計及び安全輸送に関する特記事項

・参考　　　輸送容器の製作の方法の概要に関する説明

　輸送物の設計が技術基準に適合していれば設計承認書が交付される。承認
された設計に従って輸送容器が製造され、製作時検査に合格していれば容器
承認申請がなされ、当局の確認を経て承認容器として登録され、容器承認書
が発行される。登録容器の有効期間は3年であり、当該容器がその設計に適
合するよう維持されていることを示せば使用期間の更新ができる。

　容器承認を受けている者は設計承認書に記載された方法（例：1回／1年
又は1回／10輸送）で定期検査を義務付けられる。この定期検査の実施に
関する民間基準として、「使用済燃料・混合酸化物新燃料・高レベル放射性廃
棄物・低レベル放射性廃棄物輸送容器定期点検基準（AESJ-SC-F001:2008）」
が日本原子力学会で制定されている。

　輸送の開始に当たっては、承認容器を使用して輸送計画を立て、陸上輸送
する輸送物については原子力規制委員会に車両運搬確認申請書を提出、検査・
確認を受け、輸送の方法については国土交通省に核燃料輸送物運搬確認申請
書を提出、検査・確認を受けてそれぞれ運搬物及び輸送の方法に関する確認
証の交付を受ける。海上輸送する場合にあっては、輸送物及び輸送の方法に
関して国土交通省又は地方運輸局に放射性輸送物安全確認申請書を提出し、
検査・確認を受ける。このような検査・確認の実施は、原子力規制委員会の
ような国の機関又は地方運輸局など国の出先機関により行われる。

　また、輸送経路や輸送日時等については、陸上輸送では都道府県公安委員会に核燃料物質等運搬届を提出、運搬証明書の交付を受け、海上輸送では管区海上保安本部に放射性物質等運送届を提出、同運送指示書を受けることになる。さらに原子力施設所在県・市町村と原子力事業者との間で締結されている安全協定に基づき、各種計画書等の届出や輸送時の検査・立会、確認等がなされる場合もある。

　核燃料物質等の輸送に際してなされる申請の手順の概要は図5－3に示すとおりであり、六ヶ所再処理工場への使用済燃料輸送時の関係機関への申請・届出例は表5－4に示す。

　なお、核燃料サイクル施設間で輸送される核燃料物質等輸送物の一覧とそれらの概要等を表5－5に示す。

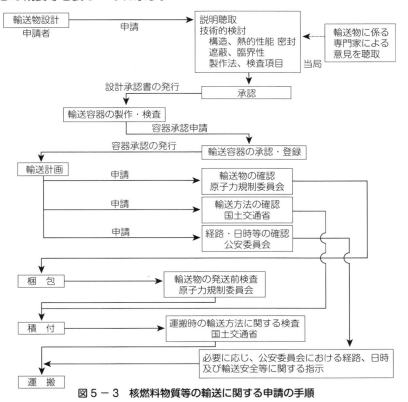

図5－3　核燃料物質等の輸送に関する申請の手順

表５−４　核燃料物質等の輸送申請・届出事項の一覧

［六ヶ所再処理工場への使用済燃料輸送の場合］

輸送容器設計・製作段階　(国関係)

申請・届出事項	申請者	申請先	根　　拠	提出(目安)時期	備　考
① 核燃料輸送物設計承認申請書	原燃輸送(委託された者)	原子力規制委員会	外運搬告示第41条		
② 容器承認申請書	同上	原子力規制委員会	炉規制法第59条第3項 外運搬規則第21条		

空キャスク輸送段階

(原子力発電所地元関係(例))

申請・届出事項	申請者	申請先	根　　拠	提出(目安)時期	備　考
① 使用済燃料輸送計画	電力会社	関係自治体	安全協定	約1ヶ月前	
② 使用済燃料輸送用空キャスク輸送船入港予定時	同	同	同	1日前	
③ 使用済燃料輸送船出港時	同	同	同	出港後直ちに	

(再処理工場側関係)

申請・届出事項	申請者	申請先	根　　拠	提出(目安)時期	備　考
① 特殊車両通行許可申請書	運送会社	上北地域県民局長	道路法第47条の2、車両制限令第12条	陸上輸送開始の2週間前	有効期間1年
② 危険物荷役許可申請書	輸送船船長	むつ小川原港長	港則法第22条	荷役作業の1週間前	
③ 入出港実施計画書	運航管理者	八戸海上保安本部長	(行政指導)	輸送開始の1週間前	
④ 荷役・陸送実施計画書	原燃輸送	むつ小川原港長	港則法第22条第4項	輸送開始の1週間前	
⑤ 制限外積載許可申請書	運送会社	野辺地警察署長	道路交通法第57条、同施行規則第8条	陸上輸送開始1週間前	
⑥ 港湾施設(荷さばき地、野積場)使用許可申請証	原燃輸送	上北地域県民局長	青森県港湾施設使用条例第3条、同施行規則第2条	使用開始の2週間前	
⑦ 係留施設使用許可申請書（積(揚)荷役のため）	運航管理者	同	同	利用の2週間前	
⑧ 運搬概要	原燃輸送	青森県警察本部保安課長	警察庁、県警本部指導	陸上輸送開始の1週間前	

実入りキャスク輸送前段階　(国関係)

申請・届出事項	申請者	申請先	根　　拠	提出(目安)時期	備　考
① 車両運搬確認申請書	電力会社 原燃輸送	原子力規制委員会	外運搬規則第19条	発送前検査開始の3週間前	
② 核燃料輸送物運搬確認申請書	原燃輸送 運送会社	国土交通大臣	車両運搬規則第21条	輸送開始の3週間前	
③ 核燃料物質等運搬届出書	電力会社 原燃輸送 運送会社	発所側地元公安委員会	届出府令第2条	輸送開始の2週間前	

④ 放射性輸送物運送計画書安全確認申請書	運航管理者	所轄運輸局長経由国土交通大臣	危規則第99条の第1項	船積みの1ヶ月前	
⑤ 危険物積付検査申請書	輸送船船長	国土交通大臣地方運輸局長又は日本海事検定協会	危規則第111条第1項	積付検査予定日の2週間前	
⑥ 放射性物質等運送届 [・原子力損害賠償補償契約締結申込書、・原子力輸送賠償責任保険申込書、取り決めの締結確認申請書（核物質防護）の手続がある]	輸送船船長	管区海上保安本部長	危規則第106条第1項	運送開始4週間前(同一管区内輸送の場合は2週間前)	

（原子力発電所地元関係（例））

申請・届出事項	申請者	申請先	根　拠	提出(目安)時期	備　考
① 輸送協議文	電力会社	地方自治体	安全協定	輸送の約1ヶ月前	地方自治体との取決めによる
② 使用済燃料輸送船の出港時刻	同　上	同	同	実施後直ちに約10日前	
③ 輸送実施日連絡文	同　上	同	─	約1ヶ月前	
④ 警備要請	同　上	警察・海保	─		

（再処理工場側関係）

申請・届出事項	申請者	申請先	根　拠	提出(目安)時期	備　考
① 特殊車両通行許可申請書	運送会社	上北地域県民局長	道路法第47条の2車両制限令第12条	1年ごとの更新	有効期間1年
② 危険物荷役許可申請書	輸送船船長	むつ小川原港長	港則法第22条	荷役の1週間前	
③ 入出港実施計画書	運航管理者	八戸海上保安部長	行政指導	輸送開始の1週間前	
④ 使用済燃料荷役・陸送・警備実施計画書	原燃輸送運航管理者	むつ小川原港長	港則法第22条第4項	海上輸送開始の1週間前	
⑤ 制限外積載許可申請書	運送会社	野辺地警察署長	道路交通法第57条、同施行規則第8条	陸上輸送開始1週間前	
⑥ 係留施設使用に関する確約書	日本原燃原燃輸送	むつ小川原港管理事務所	青森県指導	陸上輸送開始の2週間前	
⑦ 港湾施設(荷さばき地、野積場)使用許可申請書	原燃輸送	同	青森県港湾施設使用条例第3条、同施行規則第2条	使用開始の1ヶ月前	
⑧ 係留施設使用許可申請書(積(揚)荷役のため)	運航管理者	同	同	利用の2週間前	
⑨ 警察官出動要請	日本原燃原燃輸送	野辺地警察署長	行政指導	要請する日の1週間前	

実入りキャスク輸送後

（原子力発電所地元関係（例））

申請・届出事項	申請者	申請先	根　拠	提出(目安)時期	備　考
① 払出状況	電力会社	地方自治体	安全協定	輸送後1週間以内	地方自治体との取決めによる
② 搬出時の線量報告	電力会社	同	同	同	

表 5 − 5　核燃料サイクル施設間で輸送される核燃料物質等輸送物の一覧とそれらの概要

ウラン燃料サイクル施設		使用する輸送容器の概要	輸送物の型式・確認要否等
ウラン鉱山・精錬工場	転換工場	i)　イエローケーキ（U_3O_8）天然ウラン、200ℓドラム缶	—
転換工場	ウラン濃縮工場	ii) 天然UF_6 48Yシリンダ	IP-1型輸送物　要
ウラン濃縮工場	再転換工場	iii) 濃縮UF_6 30Bシリンダ＋保護容器	A型核分裂性輸送物　要
再転換工場	成型加工工場	iv) UO_2 ドラム缶型の二重構造容器	A型核分裂性輸送物　要
成型加工工場	原子力発電所	v) ウラン新燃料集合体 燃料集合体輸送容器	A型核分裂性輸送物　要
原子力発電所	中間貯蔵施設	vi) 使用済燃料 輸送・貯蔵兼用容器	BM型核分裂性輸送物　要
	再処理工場	vi) 使用済燃料 輸送容器	同上　要
	低レベル放射性廃棄物埋設センター	vii) 低レベル放射性廃棄物 ドラム缶収納のコンテナ、その他	IP-2型、A型、BM型輸送物　要
中間貯蔵施設	再処理工場	vi) 使用済燃料 輸送容器	BM型核分裂性輸送物　要
再処理工場	MOX燃料工場	viii)回収U、Pu（地下通路で移送）	—
	高レベル放射性廃棄物貯蔵管理センター、最終地下処分場	ix) 高レベルガラス固化体輸送容器	BM型輸送物　要
	転換工場	x) 回収ウラン輸送容器	IP-2型核分裂性輸送物　要
MOX燃料工場	原子力発電所	xi) MOX新燃料集合体 輸送容器	BM型核分裂性輸送物　要

第6章

核燃料輸送物の安全解析

6.1　核燃料輸送物設計承認における安全解析

　核燃料物質等を輸送する場合の安全は、4.1 項に述べた基本理念及び技術的な基準に適合した輸送物を用いることで達成される。

　このため、輸送物設計者は輸送物が技術基準に適合していることを解析や試験により立証し、その結果を輸送物設計安全解析書として文書化しなければならない。核燃料物質を輸送しようとする事業者（荷送人）は、必要な場合、5.3 項に述べた手順に従い、輸送物設計が技術基準に適合していること及び輸送容器が設計に従って製作・維持されていることを確認して輸送物を仕立て、輸送に供する。

　輸送物の型式ごとに定められている技術上の基準に輸送物の設計が適合していることを評価するための安全解析は、構造解析、熱解析、密封解析、遮蔽解析及び臨界解析（核分裂性輸送物の場合）の 5 項目からなる。これらの解析は以下の 3 つの手法のいずれかによって行うが、その解析手法は設計者によって異なる。

　(1) 数値計算による評価

　(2) 原型又は縮尺モデル試験による評価

　(3) 妥当な論拠による評価

　数値計算による評価が主流であり、それには信頼性の高い種々の計算プログラムが使用されている。また、数値計算による評価では試験結果との比較を行うなどして、解析モデルの妥当性を明らかにすることが重要である。国内の使用済燃料輸送容器の安全解析に用いられている計算コードを表 6 － 1 に例示する。

　国の確認を受けなければならない輸送物である BU 型及び BM 型輸送物並びに核分裂性物質及び六フッ化ウランを収納する輸送物の場合、核燃料輸送物承認申請にこれらの安全解析書を添付して審査を受けることになるが、その記載内容は前章 5.3 に示されている。

表6−1　国内の使用済燃料輸送物の安全解析に使用される計算コード等

解析項目	計算項目	使用される計算コード等	輸送物 NFT型	備　　考
構造解析	1. 落下衝撃時の吸収エネルギー等 ・緩衝体	CRUSH SHOCK LS-DYNA AUTODYN	○ — — —	日本JAEA公開コード 米国SNL公開コード 汎用構造解析コード
	・フィン	FIN Moncerco	○ ○	米国ORNL実験結果に基づくコード Moncerico社実験データ（カナダ政府の委託研究）
	2. 応力及び変位	NASTRAN ANSYS ABAQUS LS-DYNA	— — ○ —	汎用有限要素法コード 〃 〃 〃
熱解析	1. 発熱量 2. 熱計算	ORIGEN2 NOHEAT ABAQUS FLUENT	○ ○ — 	米国ORNL公開コード 米国SELで開発の有限要素法コード 汎用有限要素法コード 〃
密封解析	漏えい率		○	米国民間基準ANSI N14.5に記載のある算出式を使って計算
遮蔽解析	1. 線源強度 2. 線量当量率	ORIGEN2	○	米国ORNL公開コード
		QAD DOT DORT TORT MCNP PHITS	— ○ — — ○ —	米国LANL公開コード 米国ORNL公開コード 〃 〃 米国LANL公開コード 日本JAEA公開コード
	3. 燃焼後の実効増倍率	ORIGEN2, KENO-V	○	米国ORNL公開コード
臨界解析	臨界計算	KENO-V MCNP MVP	○ — —	米国ORNL公開コード 米国LANL公開コード 日本JAEA公開コード

6.2　核燃料輸送物の安全解析

　核燃料輸送物について行われる安全解析の内容について以下に説明する。輸送物の安全解析概略フローを図6−1に示す。安全解析に当たっては、輸送物の構造、材料に生じる経年変化の影響を考慮しなければならない。

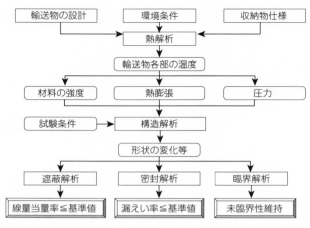

図6−1　輸送物の安全解析概略フロー

(1) 構造解析

　輸送物の構造解析では、輸送の通常状態において輸送物の亀裂、破損等が生じないこと等を確認するほか、密封解析の前提条件となる密封装置の健全性を一般及び特別の試験条件において確認する。特別の試験条件では、高さ9mからの垂直、水平、コーナー及び傾斜落下試験条件について評価が必要である。傾斜落下では、最初に床面に下部緩衝体が衝突し、そのときに発生する衝撃加速度（一次衝撃加速度）よりも、次に衝突する上部緩衝体の衝突による加速度（二次衝撃加速度）のほうが大きくなる場合がある[2]。評価では最大損傷を生じる傾斜角度を解析で明らかにする必要がある。

　また、熱解析及び遮蔽解析の評価条件を得るために一般及び特別の試験条件における輸送物の状態及び健全性を評価する。

　さらに、核分裂性輸送物にあっては、臨界解析のために核分裂性輸送物に係る一般及び特別の試験条件における輸送物の状態及び健全性について評価する。図6−2にBU型及びBM型輸送物の特別の試験条件での試験結果と解析結果との比較例を示す。

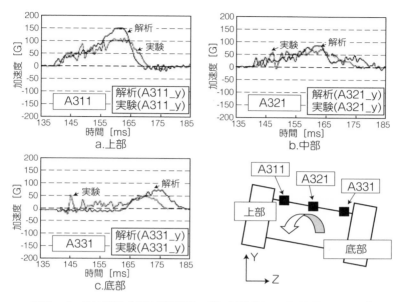

図6－2　BU 型及び BM 型輸送物の落下試験結果と解析結果の比較例 [1]

(2) 熱解析

　熱解析では、(1) 構造解析の結果を受けて、輸送の通常状態、一般及び特別の試験条件における輸送物各部の温度、圧力を評価し、構造解析、密封解析、遮蔽解析及び臨界解析のための評価条件を与える。また、一般の試験条件における輸送物の近接可能表面の温度基準（50℃以下。ただし、専用積載の場合は 85℃以下）に適合することを確認する。

　このように、構造解析と熱解析は互いに関連するとともにほかの解析の前提条件を与える主要な項目である。図6－3に BU 及び BM 型輸送物の輸送の通常状態での熱解析結果例を示す。

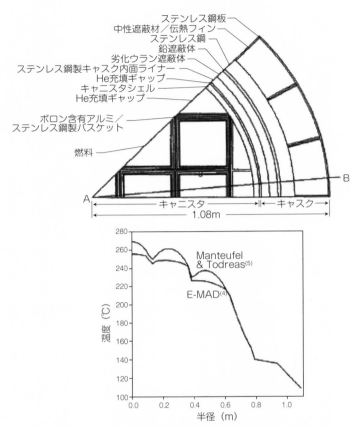

図6-3　BU型及びBM型輸送物の熱解析の例 [2)]

(3) 密封解析

　密封解析では、(1) 構造解析及び (2) 熱解析で与えられた条件と発送前検
査における気密漏えい検査合格基準に基づいて、一般及び特別の試験条件に
おける核燃料物質等の漏えい率を評価し、基準値を満足することを確認する。

(4) 遮蔽解析

　遮蔽解析では、(1) 構造解析及び (2) 熱解析で与えられた条件を受けて輸
送の通常状態、一般及び特別の試験条件における輸送物表面又は表面から

1m 離れた位置の線量当量率を評価し、基準値を満足することを確認する。
図6−4に BU 型及び BM 型輸送物の輸送の通常状態での遮蔽解析結果（中
性子線）の例を示す。

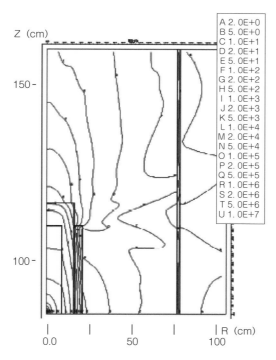

図6−4　BU 型及び BM 型輸送物の遮蔽解析結果（中性子線）の例 [3]

(5) 臨界解析

　核分裂性輸送物に関する臨界解析では、(1) 構造解析の結果によって、核
分裂性輸送物に対する一般及び特別の試験条件において臨界評価に影響する
ような構造物の変形等が生じないことを示し、輸送の通常状態のほか、非損
傷及び損傷輸送物の孤立系及び配列系のいずれの場合にも未臨界であることを
確認する。

(6) その他

　以上の5項目の解析結果及び核燃料輸送物の内容を総合して、輸送規則及び告示に定められている技術上の基準に全て適合していることを確認する。

(7) 輸送・貯蔵兼用容器を用いる場合に追加で必要となる安全解析

　核燃料物質を輸送・貯蔵兼用容器を用いて輸送及び中間貯蔵する場合、前記(1)から(6)の内容に加えて、中間貯蔵時の安全解析が必要となる。中間貯蔵する場合、貯蔵姿勢、緩衝体取り付けの有無、床面への固縛の有無など、貯蔵条件が一つに決まっていない。したがって、実際の貯蔵施設で設計上想定される状態での構造、熱、密封、遮蔽及び臨界解析を行って貯蔵に関する技術上の基準に全て適合していることを確認する。設計上想定される状態には、地震、津波及び竜巻などの自然現象等に対する評価が含まれている。これらの評価に当たっては、貯蔵開始から貯蔵後輸送に至る期間の構造及び材料の経年変化を考慮して安全解析を実施する。

　これらの貯蔵時に関する安全解析は貯蔵施設の許認可のためのものであり輸送物の安全解析書には含まれないが、貯蔵後輸送が想定される輸送物、すなわち輸送・貯蔵兼用輸送物の安全解析書には経年変化管理プログラム及びギャップ分析プログラム（輸送物の初期設計に対する貯蔵中の規制や技術知見の変化の影響を摘出するためのプログラム）を含めることが求められている。

《参考文献》

1) H.Tamaki et al., Structural Integrity of MFS-57BG Transport and Storage Cask Based on Full-scale and 1/2.5-scale Drop Test Results, Proceedings of PATRAM 2007.
2) M.Greiner et al., Transport Package Response to Severe Thermal Events, Part I: Rail Package, RAMTRANS (Vol.9, No.3), 1999.
3) M.Matsumoto et al., Development of Cross Section SFCX-J33 for Spent Fuel Transport Cask Shielding Calculation, Proceeding of PATRAM 2007.

第7章
安全輸送のための輸送方法

7.1　輸送モードと輸送システム

核燃料物質等の輸送に用いられる輸送モードとしては、
・陸上輸送モード（自動車、鉄道など）
・海上輸送モード（専用運搬船、貨物船での混載など）
・航空輸送モード（貨物機での専用積載、旅客機での混載など）
があり、発送地から到着地まで陸−海−陸といったこれらの輸送モードが組み合わされ、それぞれの運搬設備、荷役設備やそれらの作業方法からなる輸送システムで輸送が行われる。

　核燃料サイクル施設間の輸送物運搬では、航空輸送モードが用いられることはほとんどなく、陸上及び海上輸送モード、又はそれらの組み合わせが利用される。わが国の場合、サイクル施設の立地条件等から陸上輸送モード、陸上−海上−陸上輸送モード又は海上−陸上輸送モードが使われており、陸上輸送モードではトラック、トラクタ・トレーラ又はキャリアといった自動車が用いられ、鉄道貨車輸送は行われていない。

　ヨーロッパや米国では陸上輸送モードが中心であり、自動車や鉄道貨車による輸送が行われている。英国やスウェーデンとヨーロッパ大陸間では、陸上−海上−陸上輸送モードも取られている。

7.2　安全のためにとられる方法

　輸送モードごとの輸送物、運搬設備や取り扱い、作業等に関して安全のためにとるべき対策は、輸送モード別の規則・告示・通達等で定められており、地方自治体と原子力事業者との間で締結されている安全協定に基づいて実施される対策もある。また、事業者側が自主的に講じている対策もある。

(1) 輸送モードに共通する対策
① 輸送物の標識（又は標札）と表示
　核燃料輸送物又は核燃料輸送物を収納したオーバーパック若しくはコンテナの表面には、核燃料物質等を収納していること、その放射能量、輸送物周

りの線量当量率（輸送指数で表す）など、安全に取り扱う上で重要な情報を示す標識（海上輸送では標札という）を付けなければならない。

　L型輸送物を除く核燃料輸送物には、表7－1に示す標識を輸送物の種類に応じて付ける。この標識のほかに核燃料輸送物の種類、総質量、三葉マーク、国連番号及び品名を輸送物（L型輸送物も含む）の表面の見やすい場所に表示しなければならない。その表示の方法や意味は表7－2のとおりである。

　なお、標識に記載する「輸送指数」及び「臨界安全指数」は、輸送における放射線防護の点から積載限度を決めるとともに、核分裂性物質を収納した輸送物の場合は臨界防止を目的とするものであり、以下のように決められる指数である。

　　輸送指数（TI）： 輸送物表面から1m離れた位置における最大線量当量率
　　　　　　　　　　をmSv／h単位で表した値を100倍した数値
　　臨界安全指数（CSI）： 1箇所に集積する核分裂性輸送物の個数の限度とし
　　　　　　　　　　て、以下の条件で求められる輸送制限個数Nで50を除
　　　　　　　　　　した数値
　　　　　　　　　　1) 一般の試験条件の下に置き、配列系の条件下で、かつ、
　　　　　　　　　　　　中性子増倍率が最大となる状態で、Nの5倍の個数
　　　　　　　　　　　　を積載しても未臨界であること
　　　　　　　　　　2) 特別の試験条件の下に置き、配列系の条件下で、かつ、
　　　　　　　　　　　　中性子増倍率が最大となる状態で、Nの2倍の個数
　　　　　　　　　　　　を積載しても未臨界であること

　1台の自動車、船舶の1つの船倉又は1機の航空機への積載限度は、輸送指数の合計及び臨界安全指数の合計が輸送モードごとに規定されている。

　なお、核燃料サイクル施設間における核燃料物質等の輸送では、オーバーパックを用いた輸送物はほとんど例がなく、コンテナを用いた輸送物は六フッ化ウラン輸送物及び低レベル放射性廃棄物ドラム缶8本入りのIP-2型輸送物の例がある。

表7−1　核燃料輸送物の標識

	第1類白標識	第2類黄標識	第3類黄標識
概要	放射性 RADIOACTIVE I 7	放射性 RADIOACTIVE II 7	放射性 RADIOACTIVE III 7
表示箇所	輸送物の表面2箇所。ただし、コンテナ又はタンクを容器とする場合は4箇所とする。	輸送物の表面2箇所。ただし、コンテナ又はタンクを容器とする場合は4箇所とする。	輸送物の表面2箇所。ただし、コンテナ又はタンクを容器とする場合は4箇所とする。
法令規制値 — 輸送物表面における線量当量率	5μSv/h以下	5μSv/hを超え500μSv/h 以下	500μSv/hを超え2mSv/h 以下
法令規制値 — 輸送物表面から1mの点における線量当量率	—	10μSv/h 以下	10μSv/hを超え100μSv/h 以下
法令規制値 — 輸送指数	0	1以下	10以下

表7−2　核燃料輸送物の表示

輸送物	L型輸送物	A型輸送物	BM型輸送物	BU型輸送物	IP型輸送物
表示	「放射性」内部の見易い位置に	「A型」又はTYPE A	「BM型」又はTYPE B(M)	「BU型」又はTYPE B(U)	「IP型」又はTYPE IP注)
重量表示	輸送物の総重量が50kgを超えたときには重量を表示すること。				
国連番号	「UN」の文字の後に国連番号及び品名を表示すること。				
三葉マーク			輸送物の容器の耐火性、耐水性を有する最も外側の表面に、耐火性、耐水性を有する三葉マークを鮮明に表示すること。		
その他の表示	航空機でドライアイスを使用して要冷凍の放射性物質を輸送する場合は、「Dry ice」の文字及びドライアイスの重量を表示する。				
	荷送人又は荷受人の氏名及び住所を表示する。				

注) IP型輸送物の場合は、IP−1型（TYPE IP-1）、IP−2型（TYPE IP-2）、IP−3（TYPE IP-3）、と表示する。

② 輸送中における対策

1) 取り扱い場所

　陸上及び航空輸送では、核燃料物質等の輸送物の積み込み、取り降ろしは関係者以外の者が通常立ち入る場所では行わない。やむを得ず行う場合は縄張りや標識等の措置をとることとしている。

　海上輸送にあっては危険物の積み込み、積み替え又は荷下ろしをする場合は港長の許可を受けることになっている。

2) 積載方法

　輸送中に転落、移動、転倒等で輸送物の安全性が損なわれることのないように輸送物の固定又は固縛が必要となる。この方法は輸送モードにより異なるが、設計用加速度係数は IAEA 放射性物質安全輸送規則助言文書（SSG-26）の附属書Ⅳで例示されている。わが国で用いられている設計用加速度係数の例を表7－3に示す。

表7－3　固定・固縛装置の設計用加速度係数

輸送モード	前後方向	左右方向	上下方向
陸上輸送	2g	1g	上方2g、下方3g
海上輸送	1.5 g	2g	上方2g、下方2g
航空輸送※1	1.5g(前9g)	1.5g	上方2g、下方6g

注）※1　航空輸送での上下加速度係数は最大突風下での縦揺れ加速度及び 輸送機の重心に対する貨物の位置関係に依存し、最新型航空機での最大値に相当する。前向9gの加速度は貨物積載空間と航空機乗員との間になんらの補強隔壁がない場合に必要となる。

　陸上輸送では、積載方法承認を受けることになっており、その際以下の事項に関する説明書を添付することになっている。

・車両に関する説明

・予定される運搬に関する説明（速度、勾配、回転半径等）

・強度計算書

・同一積載方法が繰り返し実施できることの説明

・承認容器について

　強度計算に当たっては、車両の種類や伴走車の有無等を考慮し、衝突事故時の計算加速度を入力条件とするなどの方法がとられている（「放射性物質の自動車運搬に係る積載方法の安全性に関する技術基準の適用指針」）。

　海上輸送では、運送計画書安全確認申請書の積付方法等及び固縛方法において、運搬船の航行速度、船体強度や固定又は固縛装置の設計値等により強度計算をするとともに積付検査で安全を確認することになる。

　また、航空輸送では耐空性審査要領による。

3) 混載の制限

　核燃料物質等以外の危険物、例えば火薬類、高圧ガス、引火性液体等との混載は禁止されている。船舶運送では定められた基準により隔離しなければならない。

4) 書類の携行又は備え付け

　核燃料物質等を輸送する場合は、取り扱い方法等を記載した書類を携行又は備え付ける必要がある。

5) 輸送方法の安全確認

　輸送物としての安全確認がなされたもののうち、輸送方法等についての安全の確認を受けるべく国土交通大臣又は指定運搬方法確認機関に申請する必要がある。

　輸送モードごとに以下のようにする。

・陸上輸送（車両）

　　BU 型及び BM 型輸送物、0.1kg を超える六フッ化ウランを収納する輸送物又は臨界安全指数の合計が 50 を超える核分裂性輸送物群を輸送する場合、核燃料輸送物運搬確認申請書を提出、確認書の交付を受ける。

・海上輸送（船舶）

　　BU 型及び BM 型輸送物、核分裂性物質若しくは 0.1kg を超える六フッ化ウランを収納する輸送物を積載する場合、又は輸送指数の合計が一集貨で 50 を超える低比放射性物質等若しくは 1 船舶当たりの輸送指数の合計が 200 を 超える場合は、放射性輸送物運送計画書安全確

認申請書を提出、確認書の交付を受ける。

・航空輸送（航空機）

　BU 型及び BM 型輸送物、0.1kg を超える六フッ化ウランを収納する輸送物の場合は、放射性輸送物輸送確認申請書（輸送計画書を添付）を提出して審査を受ける。

　さらに、BU 型及び BM 型輸送物、核分裂性輸送物又は防護対象特定核燃料物質を車両輸送する場合は都道府県公安委員会に核燃料物質等運搬届を、船舶輸送する場合は管区海上保安本部に放射性物質等運送届を提出することにより運搬経路、日時等を届け、必要な指示を受けることが必要である。航空輸送の場合は輸送確認申請書に添付する輸送計画書の記載事項に従うことで別途の届は不要である。

(2) 車両による陸上運搬でとるべき対策

① 車両の標識及び灯火

　輸送物（L 型輸送物を除く）を積載した車両には車両標識（図７－１）を車両の両側及び後面の見やすい場所に付ける。ただし、開放型の車両で輸送物に付された標識が運搬中に視認できる場合はその限りではない。夜間は車両の前部及び後部の見やすい場所に赤色灯をつけ点灯しなければならない。

　なお、特定核燃料輸送物等の運搬に使用する車両は有蓋車両とする。ただし、質量２トンを超える場合はこの限りでない。

② 発熱のある輸送物との混載制限

　平均熱放出率が 15W ／ m^2 を超える核燃料輸送物は除熱措置等を講じない限り他の貨物と混載してはならない。

③ 輸送指数及び臨界安全指数による積載の制限

　１つの車両に積載できる輸送物は、輸送指数又は臨界安全指数の合計が 50 以下となる。

④ 車両の線量当量率等

　車両の線量当量率は次の値以下とする。

　　車両の表面：2mSv ／ h

　　車両の両側面、前面及び後面から 1m 離れた位置：100μSv ／ h

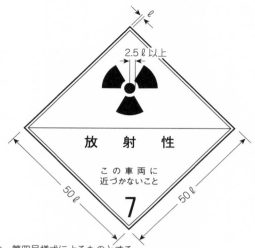

注1　三葉マークは、第四号様式によるものとする。
　2　ℓは、0.5センチメートル以上とする。
　3　数字「7」の高さは2.5センチメートル以上とする。ただし、注4により標識を縮小する場合
　　　には、この限りでない。
　4　車両に付すことが困難な場合は、ℓを、0.2センチメートルまで縮小することができる。
　　　ただしこの場合にあっては、相対的比率を保たなければならない。
　5　国連番号を表示する場合は、下半分の白地上に表示するものとする。

図7－1　輸送物積載の車両標識

　　車両の運転席など通常乗車する場所：20μSv／h
　車両表面汚染は次の限度を超えないこと。
　　非固定性汚染（積込み及び取卸しを終了した状態）
　　　α線を放出する核種：0.4Bq/cm² 　 α線以外を放出する核種：4Bq/cm²
　　固定性汚染（取卸しを終了した状態）
　　　5μSv/h

⑤ **被ばく管理**
　　輸送物の運搬に従事するものの被ばく線量は、一般人の被ばく限度と同じ
であるが、念のためポケット線量計等による測定又は場所の線量当量率と従
事した時間を記録、保管する。

⑥ **交替運転者の配置等**
　　長距離を運転する場合又は夜間に運搬する場合には、交替運転者の配置、

休憩時間の確保等の運行計画を立てる。

⑦ 見張人

　輸送物を積載した車両を一般の人が立ち入る場所に駐車する場合には、見張人を配置しなければならない。

⑧ 同乗の禁止

　第2類黄標識又は第3類黄標識が付されている輸送物を積載した車両には、関係者以外の者は同乗できない。

　都道府県公安委員会への核燃料物質等運搬届出書の作成に当たって、必要な事項は⑨〜⑬のとおりである。

⑨ 届出回数

　1車列をもって1回の運搬とし、届出は1回の運搬ごとに行う。BU型及びBM型輸送物や防護対象特定核燃料物質等を積載した車両及び伴走車その他運搬に同行する車両では、1車列8台以内で30分以内の間隔では最大4車列を1回の運搬とする。伴走車には警備関係同行専門家、放射線管理担当者などが同行する。

⑩ 運搬計画

　運搬日時、出発地、到達地、運転経路（経由地点）と運行時刻、車列ごとの積載車両及び運転手、伴走車及び運搬従事者などを記載するとともに積載車両の外観図、車列の編成図を添付する。

⑪ 運搬要領の作成

　核燃料物質等運搬届出書には安全確保のための以下のような措置を記載する。

　1）運行前点検を厳重に実施する。

　2）交通法規を遵守し、一般道路及び高速道路においては指定速度以下で運行する。

　3）積載車両の前後に「車列編成図」のとおり伴走車を配置すること。伴走車には名簿のとおり監視員が乗車し交通事故防止に努めるとともに積載車両を監視する。

　4）携帯無線等を使用し、各車両間で連絡をとるとともに定期的に輸送本部又は指定連絡場所と連絡をとる。

　5）駐車又は停車する場合は、監視員で見張る。路上である場合は停止表

　　示板を置き、監視員が交通整理を行う。

　6）輸送途上での積替はしない。

⑫ 携行資器材の名称及び個数

　　表7−4に示すような資器材を伴走車に積む。

⑬ 警察機関への連絡要領、応急措置要領等の作成

　　以下のような要領を記載する。

　1）各車列の運行責任者は、交通事故、核燃料物質の盗取等が発生した場

表7−4　携行資器材の名称及び個数

No	品　名	個　数
1	サーベイメータ	
	γ線用	1式／車列
	α線用	1式／車列
2	ゼブラロープ	約100m／車列
3	標識（立入禁止等）	1式／車列
4	夜間信号用ランプ	
	（1）赤色灯	3個／車列
	（2）懐中電灯	3個／車列
5	拡声器	1台／車列
6	ボロ（ウェス）	約2kg／車列
7	ポリ又はビニール袋	各種1式／車列
8	ペーパータオル	6箱／車列
9	ビニールテープ	1式／車列
10	化学消火器	1個／各車両
11	赤旗	1式／車列
12	無線機	1台／車列
13	オーバーオール	1着／運搬者
14	フィルターマスク	1個／運搬者
15	防塵メガネ	1個／運搬者
16	ゴム手袋	1双／運搬者
17	オーバーシューズ	1足／運搬者

合には、最寄りの警察に連絡する。

2) 各車列の運行責任者は、車両事故、道路の不通等により予定通りの運搬ができなくなった場合には、出発地及び通過地の警察本部にあらかじめ定められた連絡系統により連絡する。

3) 運搬終了時には出発地及び到着地の警察本部に上記連絡系統により連絡する。

4) 事故等が発生した場合には、あらかじめ定められた応急措置要領に従い対策を講じる。

5) 妨害破壊行為等に対する緊急時対応計画を作成、未然の防止、応急措置、被害拡大防止、教育訓練等に関する考慮をする。

⑭ 輸送本部又は指定連絡場所の設置

荷送人、荷受人は輸送の都度、輸送本部の設置又は輸送連絡責任者の選任を行う。輸送本部は、荷主、運搬を委託された者、運搬事業者等の関係者により構成される。輸送本部又は指定連絡場所は見張人による出入り管理等を厳重に行う。

⑮ 地方自治体職員の立会・確認

公道運搬や公共港における荷役を伴う場合、使用済燃料や高レベル放射性廃棄物のような輸送物では、輸送物や車両の放射線量率及び表面汚染密度、船倉内輸送物の放射線量率及び表面汚染密度等の確認に地方自治体職員が立ち会うことがある。

(3) 船舶による海上連送でとるべき対策

① 積載方法

1) 甲板上、甲板間又は倉内積載が可能であるが、通常倉内積載とする。防護対象特定核燃料輸送物は倉内積載とし、ハッチカバーの開放、輸送物の移動が容易にできないような措置をする。

2) 15W／m^{2}以上の放熱がある場合、他の貨物から隔離する。

3) 専用積載で運送する場合の荷役作業は核燃料物質の管理能力のある荷送人又は荷受人の指示に従う。

4) 輸送物の積載場所には関係者以外の者が立ち入らない措置を講じる。

　　5）食糧を積載している場所から隔離する。

② 輸送指数及び臨界安全指数による積載限度

　　1つの船倉に積載できる輸送物の輸送指数の合計は 50 を、また、臨界安全指数の合計が 50 を超えてはならない。専用積載の場合は積載する1船の輸送指数が 200 を超えてはならない。

③ 船舶に係る線量当量率

　　船員居住区、機関室等　1.8 μSv ／ h 以下

④ 放射線防護対策

　　立入制限区域の設定：船内にある者が 300 μSv ／週を超えて被ばくするおそれのある場所の周囲には立入制限区域を設け、標識等により関係者以外の立ち入りを制限する。また、船内にある者の受ける被ばく線量は年間 1 mSv を超えないようにする。

⑤ 積付検査

　　L 型輸送物を除く輸送物を船舶運送する場合は、船長は危険物積付検査申請書に放射性輸送物運送計画書安全確認申請書と放射性物質等運送届を添付して、船積地を管轄する地方運輸局又は日本海事検定協会による積付検査を受けることになっている。積付検査の項目は、以下のとおりである。

　　1）輸送物の確認（型式、種類、品名）
　　2）輸送物の最大線量当量率
　　3）輸送物の表面の放射能表面密度
　　4）外観、標札等
　　5）積載方法等
　　6）船内等の線量当量率

⑥ 運送船舶の標識

　　核燃料等輸送物を積載して港内航行又は停泊する船舶は、昼間は赤旗、夜間は赤灯を掲げなければならない。ただし、海上交通安全法施行規則による危険物積載船としての標識又は灯火を掲げている場合は不要である。

⑦ 防災等の措置

　　核燃料物質等の輸送物を運送する船舶には、貨物の種類に応じて防災並びに放射線の測定及び災害対策措置を講じる。その内容は表 7 － 5 のとおり定

表7－5　貨物の種類による防災等の措置

防災等の措置	甲種貨物	乙種貨物	丙種貨物
(1) 船体構造の強化	○		
(2) 貨物区域の配置	○	○	
(3) 貨物区域の排水設備の備付	○		
(4) 救命設備の備付	○		
(5) 消防設備の備付	○	○	
(6) 航海用具の備付	○		
(7) 貨物区域の温度制御装置の備付	○	○	
(8) 給電設備の備付	○	○	
(9) 損傷時の復原性	○		
(10) 固縛装置の備付	○	○	
(11) 災害対策緊急措置手引書の備付	○	○	○
(12) 固定式放射線測定装置の備付	○		
(13) 船内にある者が災害発生時の措置を行うために必要な資材又は機材の備付	○	○	○

備考　1 表中○印は該当する貨物を運送する船舶に該当する防災等の措置を講じなけ
　　　　ればならないことを示す。
　　　2 表中の甲～丙種貨物は次のとおりとする。
　　　　甲種貨物：照射済核燃料、プルトニウム（その化合物を含む）又は高レベル
　　　　　　　　　廃棄物（以下「照射済核燃料等」という。）であって、1船舶に
　　　　　　　　　積載する照射済核燃料等の放射能の量の合計が4ペタベクレル以
　　　　　　　　　上のもの
　　　　乙種貨物：照射済核燃料等であって、甲種貨物以外のもの
　　　　丙種貨物：その他のもの
　　　3 表中(1)から(13)までの防災の措置は、船舶による危険物の運送基準等を定
　　　　める告示別記第3に定めるとおり
　　　4 災害対策緊急措置手引書は、船内にある者が通常業務に従事する場合におい
　　　　て使用する言語により作成されたもの

められている。

⑧ 荷役後の汚染の検査

　輸送物の荷役を終了した場合は、取り扱った場所の汚染の程度が基準の値
を超えないようにする。

⑨ 管区海上保安本部への放射性物質等運送届の提出と指示

　放射性物質等運送届の提出に対して当該海上保安本部長から、災害を防止

し公共の安全を図るための指示がなされるが、その趣旨を受けて以下のような事項に関する運用手引を制定している。

　　1）荒天時等の避泊対策（事前の避泊港などの選定）
　　2）入出港時の条件設定（視程、波高、風速等、夜間）
　　3）航路の設定、定時報告地点の設定
　　4）荷役作業条件の設定（船体動揺、風速）

⑩ 連絡体制の構築

　前項の運送届においては、災害を防止して公共の安全を図るために、海上保安官署を始めとする関係機関との連絡体制を設定する。

⑪ 荷役をする特定港での港長の許可

　むつ小川原港のような特定港において、危険物の積み込み、積み替え又は荷下ろしをするには、危険物荷役許可申請書により港長の許可をとることになっている。

⑫ 船舶配乗員の強化

　船舶の航行、積荷等の監視を強化するため、荷送人・運航会社は配乗員を増員して対処するようにしている。

⑬ 盗取等による災害の防止のために必要な措置

　　・施錠・封印等、積載場所の特定
　　・航行時間、経由地、積載時間等が最小となるような運送方法
　　・運送経路の選択
　　・定期的な反復継続を避けるような運送経路の選択
　　・必要な情報収集、情報管理要領の作成
　　・妨害行為等の着手等の事前点検
　　・積荷の連続的な監視、施錠等の点検
　　・関係者以外の者の立入防止措置
　　・不審者、不審船等の早期発見のための監視、警戒
　　・これらの移乗等の防止措置
　　・揚貨装置の操作防止措置
　　・緊急時の対応措置

(4) 航空機による航空輸送でとるべき対策

① 積載方法

旅客や乗組員等が常時使用する区画には積載しない。

② 混載の制限

15W ／ m² 以上の放熱がある輸送物は熱除去装置なしで他の貨物と混載してはならない。

③ 航空機に係る線量当量率等

航空機の表面で 2mSv ／ h を超えてはならない。航空機の表面は輸送物表面の密度限度を超えてはならない。

頻繁に使用する航空機の積載場所は定期的に汚染検査をする。

④ 積載の限度

1 つの航空機に積載する輸送物の輸送指数又は臨界安全指数の合計はそれぞれ 50 を超えてはならない。貨物機の場合は輸送指数又は臨界安全指数の合計はそれぞれ 200 まで積載可能である。

⑤ BM 型輸送物の輸送条件

貨物機によることとし、積み込み、取卸は専門家の立ち会い、監督の下で行わなければならない。輸送物の表面温度が 50℃を超えてはならない。放射線測定器及び防護具を携行しなければならない。

⑥ 被ばく防止のための措置

輸送従事者の被ばく線量が一般人並の年間 1mSv 以下となっていることを確認するため、航空機乗組員、客室乗務員及び地上作業員について年間被ばく線量を算出する式と条件が定められている。毎年 2 月末までに前年分をまとめ航空局技術部運航課長あて報告しなければならない。

また、輸送従事者及び旅客の被ばくを防止するため、客室及び操縦室又は床面から、輸送物の輸送指数合計に対応した離隔距離をとって積載しなければならない。

以上 7.2 の安全のための方法を輸送モードごとにまとめると表 7 － 6 のようになる。

7.3　核物質の防護措置

　核物質の盗取やテロ行為による脅威を防止することにより、不安全行為を事前に防ぐため、わが国は「核物質の防護に関する条約」に加盟し、1988年には原子炉等規制法を改正して輸送モードごとの規則である「核燃料物質等車両運搬規則」、「危険物船舶運送及び貯蔵規則」及び「航空法施行規則」において防護の措置を規定した。さらに、「特定核物質の運搬の取決めに関する規則」（総理府令第124条）により、荷送人から荷受人までの輸送における責任の移転が明確となるような取り決めについて、原子力規制委員会の確認を受けることになっている。

　また、核物質の防護措置に関するIAEA勧告「核物質及び原子力施設の物理的防護に関する核セキュリティ勧告」（INFCIRC/225/Rev.5）の発行に伴い、原子炉等規制法及び関係法令において原子力施設に対する妨害破壊行為や核物質の輸送や貯蔵、原子力施設での使用等に際して核物質の盗取を防止するための対策を事業者に義務付けており、事業者は、原子力施設において核物質防護のための区域を定め、出入管理、監視装置や巡視、情報管理等を行っている。

　さらに、2020年4月より、内部脅威者への対策を強化するため、区分Ⅰ及びⅡ（設計基礎脅威（DBT）対象）の防護対象特定核燃料物質を運搬する場合には、当該物質に業務上近づき得る者及び防護に関する秘密を知り得る者に対して、個人の信頼性確認が義務付けられた。

　事業者は個人の信頼性確認の実施方法を定めた書面を国土交通省自動車局（陸上輸送の場合）又は海事局（海上輸送の場合）へ提出し、対象者の自己申告書に基づく書類審査、適性検査、面接等により、業務上近づき得る者及び業務上知り得る者の指定を行う。

　対象輸送物の運搬計画を策定する際及び運搬時には、運搬に従事する者が指定を受けていることを確認することが求められている。

　輸送時の情報管理については、表7−7に示すとおりであり、表7−7中の防護対象特定核燃料物質の区分は表7−8による。

表7－6　核燃料輸送物の輸送モードごとの安全対策

対策項目	陸上輸送 (車両運搬規則関連)	海上輸送 (危険物船舶運 送及び貯蔵規則関連)	航空輸送 (航空法施行規則関連)	備考
① 取扱 場所	関係者以外の者が通常立入る場所で積込み、取降し等の取扱いをしないこと。縄張り、標識の設置等の措置をした場合はこの限りではない。(規3)	港長の許可を得た場所で積込み、積替え、荷降しをすること。(港則法22)	関係者以外の者が通常立入る場所で積込み、取降し等の取扱いをしないこと。(告12)	
② 積載 方法	・積込み又は取降しは安全に行うこと。(規4) ・運搬中に移動、転倒、転落のないこと。 ・関係者以外の者が通常立入る場所に積載しない。(規4)	・移動、転倒、衝撃、摩擦等が生じないこと。 ・甲板上、甲板間又は倉内に積載すること※ ・荷役作業は荷送人又は荷受人の指示によること。(規94)	・移動、転倒、転落しないこと。 ・旅客、乗組員等が常時使用する区画に積載しない。(告13)	積載方法承認申請 ※防護対象特定核燃料輸送物は船倉内
③ 臨界 防止	臨界のおそれがないよう措置すること。(規5)	臨界防止の措置をすること。(規91)	いかなる場合においても臨界に達するおそれのないよう措置すること。(告14)	
④ 混載 の制 限	・放熱が15W/m²以上ある輸送物は他の貨物と混載しないこと。 ・火薬類、高圧ガス、引火性液体と同一車両に混載しないこと。(規6)	・危険物を積載する場合、相互に隔離すること。(規8) ・15W/m²以上の放熱がある場合十分隔離すること。(規94)	・放熱が15W/m²以上ある輸送物は他の貨物と混載しないこと。 ・火薬類、高圧ガス、腐食性液体、引火性液体と混載しないこと。(告15)	
⑤ コンテナ又はオーバーパックの線量当量率等	・核燃料輸送物が収納されているこれらの線量当量率は、表面で2mSv/h、表面から1m離れた位置で100μSv/hを超えないこと。 ・これらの表面の放射能表面密度は、α線放出核種で0.4Bq/cm²、非α線放出核種で4Bq/cm²を超えないこと。(規7)	同左 (規80)	同左 (告16)	輸送物自体の線量当量率等同左。
⑥ 輸送 指数 及び 臨界 安全 指数	輸送物、オーバーパック及びコンテナについては、輸送指数を、核分裂性輸送物、これらが収納されたオーバーパック及びコンテナの臨界安全指数を定めること。(規8)	同左 (規91)	同左 (告17)	
⑦ 標識 又は 表示	核燃料輸送物又はこれを収納したオーバーパック若しくはコンテナの表面には核燃料物質等を収納していること、その放射能量、輸送物周りの放射線量率(輸送指数で表す)など重要な情報を示す標識(海上輸送では標札)を付けること。さらに輸送物の種類、総質量、三葉マーク、国連番号及び品名を輸送物表面の見やすい場所に表示すること。(規9)	同左 (規92)	同左 (告22)	

⑧ 積載限度	1つの車両に積載できる輸送指数又は臨界安全指数の合計は50を超えないこと。(規10)	1つの船倉に積載できる輸送指数又は臨界安全指数の合計は50を超えないこと。1船舶当たりに積載できる輸送指数又は臨界安全指数の合計は200を超えないこと。(規95)	1航空機に積載できる輸送指数又は臨界安全指数の合計は50を超えないこと。ただし貨物機の場合は200を超えないこと。(告18)	
⑨ 輸送モードごとの線量当量率等	・車両の表面で2mSv/h以下、前面、後面及び両側面から1m離れた位置で100μSv/h以下。 ・運搬従事者が通常乗車する場所で20μSv/h以下。 ・車両表面の汚染が限度以下であること。(規11)	・居住区等通常使用する場所で1.8μSv/h以下であること。(規103) ・船内にある者の年間線量は1mSvを超えないこと。 ・輸送物等を積載した場所の周囲に立入制限区域を設け、標識で明示し、立入を制限すること。(規102) ・荷役後の汚染の検査で限度以下であること。(規105)	・輸送物の積載された航空機の表面で2mSv/h以下であること。 ・航空機の表面の汚染が限度以下であること。(告16)	
⑩ 取扱方法等記載の書類携行	核燃料輸送物の種類、量、取扱方法、特定核燃料物質防護に必要な措置、事故発生の場合の措置等を記載した書類を携行すること。(規14)	船舶所有者から供与された危険物取扱規程を携行、保管し、乗組員及び作業員に周知、遵守させること。(規5-8,5-8-2)	取扱方法その他輸送に関し留意すべき事項及び事故が発生した場合の措置について記載した書類を携行すること。(告19)	核物質防護の措置
⑪ BM型輸送物の輸送	・放射線測定器及び保護具を携行すること。 ・取扱いに関し専門家を同行し保安のため必要な監督をすること。(規17)	貨物の区分により船舶が備えるべき防災等の措置を講じること。(規37)	・貨物機によること。(告20) ・積込み、取降しには専門家が立会い、安全監督をすること。(告20) ・放射線測定器及び保護具を携行すること。(告20) ・表面温度が50℃を超えないこと。(告21)	
⑫ 特定核燃料輸送物の輸送	・コンテナに収納して運搬する場合、コンテナの施錠及び封印のこと。 ・保安及び防護のための連絡体制を整備すること。 ・防護対象の場合、運搬責任者及び見張人を配置すること。運搬責任者は知識及び経験を有する者であること。(規17-2)	・荷送人は、荷受人、船舶所有者及び船長と協議し計画書を作成し船長に提出すること。(規96) ・荷送人は運送責任者及び見張人を配置すること。輸送責任者は知識及び経験を有する者であり、計画書を携行すること。(規97) ・荷送人は連絡体制を整備すること。(規98)	・輸送関係者間で輸送計画書を策定すること。 ・最短となる経路を選定すること。 ・指定連絡場所への連絡体制を整備すること。 ・知識及び経験を有する輸送責任者を出発空港及び到着空港に配備すること。 ・警備人を選定し輸送物等に付き添い、監視、確認等を行うこと。 ・移動が容易な場合はコンテナへ収納、施錠、封印等の措置をとること。 ・貨物機を使用すること。(告23)	核物質防護の措置

⑬ その他	・交替運転者等、長距離、夜間に運搬する場合に配置すること。(規15) ・見張人、駐車する場合に配置すること。(規16) ・車両標識・国連番号を車両に付し、表示すること、また、夜間は赤色灯点灯すること。(規12)	・積付検査、船長は危険物を運送する場合、危険物積付検査申請を地方運輸局長又は認定公益法人に提出、検査を受けること。(規-111)	・安全輸送に適切な輸送経路を選定。 ・輸送従事者の年間被ばく線量が1mSv以下となるよう措置すること。(通達)	
⑭ 運搬届出等	・核燃料物質等運搬届出書を発送地側公安委員会に提出、その指示によること。(府令4) その指示事項は以下のとおり: ①積載車両の速度 ②伴走車の配置 ③車列編成 ④駐車場所及び措置 ⑤積卸し又は一時保管する場所 ⑥見張人の配置及び接近防止措置 ⑦車両への積載方法 ⑧警察機関への連絡 ⑨専門家の同行 ⑩災害防止措置	・放射性物質等運送届を発送地側管区海上保安本部に提出、その指示によること。(規106) その指示事項は以下のとおり: ①荒天、視程不良による避泊地の選定 ②夜間入出港の制限 ③海象条件による入出港制限 ④航路の設定 ⑤定時連絡ポイントの設定 ⑥荷役作業可否条件		

注)(規○)は、それぞれ「核燃料物質等車両運搬規則」及び「危険物船舶運送及び貯蔵規則」の当該条項を示す。また、(告○)は「航空機による放射性物質等の輸送基準を定める告示」の当該条項を示す。

表7－7　防護対象核燃料物質の輸送に関する情報の管理

1.核物質防護秘密として厳重に管理すべき情報	
(1) 輸送の前後を問わず核物質防護秘密として扱うべき情報	(2) 輸送終了時まで核物質防護秘密として扱うべき情報
・区分Ⅰの核物質及び区分Ⅱの核物質の輸送経路に関する詳細な情報 (※1) ・主務大臣が定める妨害破壊行為等の脅威に関する情報 ・緊急時対応計画 ・警備・監視体制 (車列編成、固有の通信手段等) ・車両・船舶等の防護の設備・構造 (接近・移動防止装置等) に関する情報 ※1：事故発生時に必要な通報等を行う場合を除く。	・区分Ⅰの核物質及び区分Ⅱの核物質の輸送通過予定時間 (※1) ・区分Ⅰの核物質の輸送数量、容器個数 (※1) ※1：事故発生時に必要な通報等を行う場合を除く。
2.適切に管理すべき情報	
(1) 輸送の前後を問わず管理すべき情報	(2) 輸送終了時まで管理すべき情報
・区分Ⅰ及び区分Ⅱの核物質輸送時の施錠封印に関する詳細な情報 (※2) ・区分Ⅲの核物質の輸送経路に関する詳細な情報 ※2：区分Ⅲの輸送であって、その方法が区分Ⅰ又は区分Ⅱと同様の方法の場合を含む。	・区分Ⅲの核物質の輸送通過予定時刻 ・核物質の発着時刻 ・船名・車両番号等輸送手段を特定し得る情報 ・輸送事業者名 (輸送手段を特定されない場合を除く。)

注：区分Ⅰ、Ⅱ及びⅢの核物質を表7－8に示す。

表7−8　防護対象特定核燃料物質の区分

未照射の核物質			
区　分	I	II	III
プルトニウム	2kg以上	500gを超え2kg未満	15gを超え500g以下
濃縮ウラン 　20%以上 　10%以上20%未満 　天然ウランの比率 　を超え10%未満	5kg以上 − −	1kgを超え5kg未満 10kg以上 −	15gを超え1kg以下 1kgを超え10kg未満 10kg以上
ウラン233	2kg以上	500gを超え2kg未満	15gを超え500g以下
照射済みの核物質			
核物質を照射して、1m離れた地点での空気吸収線量率が1グレイ毎時以下のもの	未照射物質の区分による		
同上で1グレイ毎時を超えるもの（濃縮度が10%未満の濃縮ウランを除く） （ガラス固化体に含まれるものは除く）注1	未照射物質の区分から1ランク下げることが可能（照射前に区分IIのものは同ランクとする）		
天然ウラン、劣化ウラン、トリウム、濃縮度が10%未満の濃縮ウランを照射して、1m離れた地点での空気吸収線量率が照射直後において1グレイ毎時を超えるもの	区分II		

注1：核物質を照射して、1m離れた地点での空気吸収線量率が1グレイ毎時を超えるガラス固化体に含まれる核物質は「防護対象特定核燃料物質」から除かれる。

第8章
検　査

8.1　全般

　主務当局確認対象輸送物（BU 型及び BM 型輸送物並びに核分裂性物質又は六フッ化ウランを収納した輸送物）について、核燃料物質等を収納する輸送容器の製作時には、輸送容器が容器承認申請書に添付される「輸送容器の製作の方法に関する説明書」に記載された製作方法に適合することを確認する目的で輸送容器の製作時検査が行われる。陸上輸送の場合、その検査項目及び要領は「核燃料物質等の工場又は事業所の外における運搬に係る核燃料輸送物設計承認及び容器承認等に関する申請手続ガイド」（原子力規制委員会 2020 年 11 月 18 日原規規第 2011188 号。申請ガイドという。）の別表第 3 備考「輸送容器検査要領例」に例示されている。海上輸送については、「危険物船舶運送及び貯蔵規則に基づく放射性輸送物の安全の確認等について」（2020 年 12 月 28 日国海査第 301 号）の別表第 1 に記載されている。

　輸送のために準備された輸送物が規則に定められた技術上の基準に適合していることを確認するためには、輸送物設計安全解析書に記載された方法で輸送物の発送前検査が行われる。また、輸送物の荷受先で収納物が取り出された後、次の輸送に備えて空容器の輸送準備時検査も行われる。

　さらに、輸送容器の性能を使用予定期間にわたって維持するための保守条件も、輸送物設計安全解析書に記載することになっており、これに従って定期検査を含む輸送容器の保守を行い、性能維持を図る。輸送容器の定期検査の記録は、当該容器を承認容器として使用する期間中、これを保存し、承認容器として使用する期間の更新申請時に添付して確認を受ける。

　以下にこれらの各種検査についてその内容を示す。

8.2　輸送容器の製作時検査

　申請ガイドによる「輸送容器検査要領例」を表 8 − 1 に示す。ここで、具体的な検査条件、定量的な判定基準については「輸送容器の製作の方法に関する説明書」に記載する。使用済燃料、混合酸化物新燃料、高レベル放射性廃棄物輸送容器の具体的な製作時検査要領は日本原子力学会標準[1] に記載が

表8-1 輸送容器製作時検査要領例

検査項目	検査対象	検査方法	合格基準
材料検査	BM, BU, AF, IF, UF$_6$	容器に用いられた主要な材料について、ミルシート等により照合し又は引張試験等により降伏応力、引張強さ等の材料特性を検査する。ただし、レジンのように公的な規格がない特殊材料について、材料ごとに検査の方法を検討の上決定する。なお、レジンについては、以下のとおりとする。①各原材料の成分及び配合比率が明らかにされる場合 信頼性の高い計量データを用いて材料仕様値を満足していることを確認する。②各原材料の成分及び配合比率が明らかにされない場合 化学分析により、設計時に誤差を考慮して設定した材料仕様値を満足していることを元データ等を活用し確認する。	核燃料輸送物設計承認申請書（以下「申請書」という。）に記載された設計条件を満足していること。
寸法検査	BM, BU, AF, UF$_6$	主要寸法を計測器を用いて検査する。	申請書に記載された図示公差内であること。
溶接検査	BM, BU, UF$_6$	1) 外観、2) 開先寸法、3) 非破壊検査により溶接の健全性を検査する。	申請書に記載された設計条件を満足していること。
外観検査	BM, BU, AF, IF	容器の外観を目視で検査する。	傷、割れ塗装及び形状等に異常のないこと。
耐圧検査	BM, BU, UF$_6$	気圧又は水圧を加え、容器の変形の有無等を検査する。	異常な変形、ひび、割れ等がないこと。
気密漏えい検査	BM, BU, UF$_6$	ヘリウムリークテスト、加圧漏えい試験又は真空試験等により漏えい率を検査する。	漏えい率が申請書に記載された値以下であること。
遮蔽性能検査	BM, BU	容器内に^{60}Co等の線源を装填し、遮蔽性能を検査する。レジン等については、遮蔽寸法、材料成分等により設計条件に適合していることを確認する。	(1) 遮蔽上の欠陥が存在しないこと。(2) 申請書に記載された条件を満足すること。
遮蔽寸法検査	BM, BU	γ線及び中性子の遮蔽に用いられる部分の寸法を検査する。	申請書に記載された設計条件を満足すること。
伝熱検査	BM, BU	収納燃料の崩壊熱に相当する電熱ヒーター等の熱源を容器内に装填し、容器各部の最高温度及び温度分布を検査する。	外気条件を補正した後、申請書に記載された温度以下であること。
吊上荷重検査	BM, BU, AF, IF, UF$_6$	トラニオンに油圧等により荷重を付加し、異常の有無を検査する。	吊上げ荷重の2倍の荷重に耐えること。
重量検査	BM, BU, AF, IF, UF$_6$	完成容器の重量又は各部分の総重量を検査する。	申請書に記載された重量以下であること。
未臨界検査※	BM, BU, AF, IF, UF$_6$	バスケット等の寸法及び外観を検査し、中性子吸収材を使用している場合はその含有量、分布等を検査する。	申請書に記載された設計条件を満足すること。
作動確認検査	BM, BU, AF, IF, UF$_6$	弁及び非常用安全装置等が装填された容器にあっては、当該装置が正常に作動するか否かを検査する。	申請書に記載された設計条件を満足すること。
取扱検査	BM, BU, AF, IF, UF$_6$	バスケット、蓋板等の脱着、収納物の装荷・取出し、吊上げ等の取扱いについて異常の有無を検査する。	申請書に記載された取扱いを行っても異常のないこと。

注 BM: BM型輸送物（BM型核分裂性輸送物を含む。）に係る輸送容器
　　BU: BU型輸送物（BU型核分裂性輸送物を含む。）に係る輸送容器
　　AF: A型核分裂性輸送物に係る輸送容器
　　IF: IP型核分裂性輸送物に係る輸送容器
　　UF$_6$: 六フッ化ウラン輸送物に係る輸送容器
　　※: 未臨界検査は、核分裂性輸送物のみを対象とする。

ある。Ａ型核分裂性輸送物に係る輸送容器では、耐圧検査、気密漏えい検査、遮蔽寸法検査、遮蔽性能検査及び伝熱検査は該当しないので検査は行われない。

8.3　輸送物発送前検査

　発送前検査は輸送物が法規に定められた技術基準に適合していることを確認するために行われるものであり、検査項目、検査方法及び判定基準は安全解析書に規定される。典型的な発送前検査項目の例は表８−２に示すとおりであり、検査方法及び判定基準の具体例は日本原子力学会標準[1]に示されている。

表８−２　　発送前検査項目及び検査対象

No	項目	検査対象範囲
1	外観検査	輸送物の外観
2	吊上げ検査	輸送物を吊上げた後の吊上げ装置の外観
3	重量検査	輸送物の重量
4	表面密度検査	輸送物の表面密度
5	線量当量率検査	輸送物表面の線量当量率 輸送物表面から1mの距離における線量当量率
6	未臨界検査	バスケットの外観（核分裂性輸送物の場合）
7	収納物検査	収納物の外観及び数量 収納物仕様 冷却水の量（湿式輸送物の場合）
8	温度測定検査	輸送物の表面温度
9	気密漏えい検査	密封部の漏えい率
10	圧力測定検査	輸送物の内圧

　なお、これらの検査項目のうち輸送物により該当しない検査項目は省略して差し支えない。例えば、Ａ型核分裂性輸送物に係る輸送容器では、圧力測定検査、温度測定検査及び気密漏えい検査は該当しない。

8.4 空容器の輸送準備時検査

　輸送容器を繰り返し輸送に使用する場合、空の輸送容器がその輸送に当たって法規に定められた技術基準に適合していることを確認するために、空容器の輸送準備時検査が行われる。その検査項目は申請ガイドに従って安全解析書に記載され、使用済燃料輸送に係る空容器の場合の例は表8－3、A型核分裂性輸送物に係る空容器の場合の例は表8－4に示すとおりである。

表8－3　空容器の輸送準備時検査例（BM型核分裂性輸送物－使用済燃料用）

No	検査項目	検査対象範囲
1	外観検査	空容器の外観
2	吊上げ検査	空容器を吊上げた後の吊上げ装置の外観
3	表面密度検査	空容器の表面密度
4	線量当量率検査	空容器表面の線量当量率 空容器表面から1mの距離における線量当量率
5	未臨界検査	バスケットの外観
6	気密漏えい検査	密封部の漏えい率

表8－4　空容器の輸送準備時検査例（A型核分裂性輸送物－新燃料集合体用）

No	検査項目	検査対象範囲
1	外観検査	容器フランジ面及びガスケットの損傷、劣化状況。 構成部品の取付け及び溶接部状況の目視検査をする
2	作動試験	計測用装置（加速度計、レリーフバルブ、エアバルブ）の作動、各種クランプ、安全ピン等の作動を試験する
3	線量当量率検査	容器内外面の放射線線量当量率の検査
4	表面汚染密度の検査	容器内外面の表面汚染密度の検査
5	未臨界検査	ボロン入りステンレス板の形状等を目視で検査する

8.5　輸送容器の保守検査

　　輸送容器の性能を長期間にわたって保証できるよう定期検査を含む保守を行う。申請ガイドの別記第2に、安全解析書に記載すべき保守条件が表8−5のように示されている。

　　輸送物設計者は予定される輸送容器の設計と使用状況に基づき定期検査と定期保守からなる保守計画を策定し、輸送容器所有者はそれに従って輸送容器の性能維持を図るとともに検査及び保守の記録を維持する。承認容器の場合は使用期間の更新申請時に当該記録を主務当局に提出する。

　　検査及び保守は各輸送前及び定期的に行うが、日本原子力学会ではそれらの実施区分と頻度を表8−6のように例示している[2]。さらに、表8−5に示された検査項目の大型輸送容器での実施例を表8−7のように示している。A型核分裂性輸送物である新燃料集合体輸送容器の定期検査の場合は、表8−8に示す定期検査が短期検査として実施されている。

　　また、輸送容器を保管状態に置くに当たっては、定期検査が実施されており、保管期間終了後の輸送容器再使用の前に、保管期間中に省略した項目を追加して定期検査が実施される。

表8-5 安全解析書に記載すべき輸送容器の保守条件

項 目	内 容
(八)章 輸送容器の保守及び核燃料輸送物の取扱い方法	核燃料輸送物安全設計に合致した標準的な取扱方法について記載するとともに、保守条件を記載する。
(八)-B 保守条件	輸送容器の仕様を長期にわたって保証できる保守条件について記載する。定期検査、部品取替えの頻度、容器の補助系の取替え、修理基準及び保守記録の各項目について説明する。
B.1 外観検査	検査の方法、頻度等について説明する。
B.2 耐圧検査	検査の頻度、計装及び頻度について説明する。
B.3 気密漏えい検査	同上
B.4 遮蔽検査	遮蔽性能に関しては、定期的検査計画を記載する。ガンマ線及び中性子の両者について考慮する。
B.5 未臨界検査	中性子吸収材等について健全性を確認する方法について説明する。
B.6 熱検査	検査の方法、頻度等について説明する。
B.7 吊上検査	同上
B.8 作動確認検査	同上
B.9 補助系の保守	付属冷却システム、中性子遮蔽タンク及びその他全体に影響を与える補助系の検査及び取替計画について記載する。
B.10 密封装置の弁、ガスケット等の保守	構成部品の取替計画及びその検査の方法を記載する。実証テスト及び製作データに基づいて検討の上記載する。
B.11 輸送容器の保管	保管時の管理並びに保管終了後の検査及び保守について説明する。
B.12 記録の保管	製作時検査記録、定期検査記録等の保管について説明する。
B.13 その他	構成部品及び補助系について定期的に行う追加検査について説明する。

表8-6 輸送容器の定期検査・輸送前検査及び定期保守の実施区分と頻度例

実施区分	目 的	頻 度
短 期	輸送容器に異常のないことを確認する。	1年に1回以上(年間の使用回数が10回を超える場合は10回ごとに1回以上)
中 期	輸送容器の細部にわたる性能を確認し、維持する。	前回実施から3〜5年と、輸送回数30回に至る期間との、いずれか短い方の間隔で1回以上
長 期	輸送容器の総合性能を確認し、維持する。	前回実施から6〜10年と、輸送回数60回に至る期間との、いずれか短い方の間隔で1回以上
輸送前	当該輸送容器が安全に輸送に供せられることを確認する。	輸送容器を使用する前ごと

表8−7 輸送容器の定期検査・輸送前検査の項目及び実施区分例

項　目		対象機器・要素	内　容	実施区分			
				短期検査	中期検査	長期検査	輸送前
外観検査		輸送容器	輸送容器として組み立てた状態の外観を目視により確認する。	○	—	—	—
		輸送容器本体、蓋、緩衝体、スツール及び分解した部品	各機器及び部品の外観を目視により確認する。	—	○	○	○
		弁等の密封境界を構成する要素の構成部品	構成部品の外観を目視により確認する。	—	○	○	—
気密漏えい検査		輸送容器密封装置	蓋部及び弁等が密封性能を維持していることを加圧法又は真空法により確認する。	—	○	○	—
吊上検査	外観検査	輸送容器本体吊上装置	吊上装置外表面の健全性を目視により確認する。	—	○	○	—
	浸透探傷試験	輸送容器本体吊上装置	浸透深傷試験により吊上げ装置外表面の欠陥の有無を確認する。	—	○	○	—
未臨界検査	外観検査	収納物収納装置	輸送容器上部開口部より、収納物収納装置の外観を目視により確認する。	—	○a)	○a)	—
	寸法検査		寸法確認用のスルーゲージが支障なく通過することを確認する。	—	—	○a)	—
	中性子吸収材検査		収納物収納装置の中性子吸収材の性能について、計算等により臨界防止性能に影響を及ぼさないことを確認する。	—	—	○a)	—
作動確認検査		輸送容器の弁及び安全装置	輸送容器の弁及び安全装置が、正常に作動することを確認する。	—	○a)	○a)	—
伝熱性能検査		輸送容器	伝熱性能を維持していることを、定期点検の前後いずれかの実入り容器期間に収納物を収納した状態で各部の温度測定を行い、解析値と比較して確認する。	—	—	○a)	—
遮蔽性能検査		輸送容器	遮蔽性能を維持していることを、定期点検の前後いずれかの実入り容器期間に収納物を収納した状態で各部の線量当量率測定を行い、解析値と比較して確認する。	—	—	○a)	—
耐圧検査		輸送容器密封境界	所定の水圧又は気圧により耐圧性能を維持していることを確認する。	—	—	○a)	—
その他	密閉検査	吊上装置及び輸送容器本体等に取付けられた耐浸水性を有する要素	耐浸水性を有する要素が水密性能を維持していることを加圧法又は真空法により確認する。	—	○a)	○a)	—
	浸透探傷検査	輸送容器蓋吊金具等の通常の使用時に荷重がかかる構成要素の吊金具部	浸透探傷試験により吊金具外表面（溶接付けの吊金具については溶接部を含む）の欠陥の有無を確認する。	—	○a)	○a)	—

注a）　輸送容器の特性及び供用状況により必要に応じて実施する。

表 8 - 8 新燃料集合体輸送容器の定期検査例

検査項目	検査方法	合格基準
外観検査	容器 (含上側ケース、下側ケースの内部、外部) の外観を目視で検査。	製作図面通りに部品があり、正しく組み合わせられており、異常な変形等がないこと
耐圧検査	該当せず	―
気密漏洩検査	該当せず	―
補助系の保守	該当せず	―
密封容器の弁、ガスケット等の保守	レリーフバルブ、エアバルブに異常な変形のないこと。ガスケットは異常な変形、割れ等のないことを目視で確認し、異常があれば交換する。	異常な変形、割れ等のないこと。
遮蔽検査	該当せず	―
未臨界検査	中性子吸収材の外観を目視により検査する。	異常な変形、割れ等のないこと。
熱検査	該当せず	―

　なお、使用済燃料の中間貯蔵に供される輸送・貯蔵兼用容器は、貯蔵中は使用済燃料を収納しているため直接検査及び保守できない項目があるため、貯蔵設備としての検査及び保守並びにそれらを利用して代替検査とする等の方法で、貯蔵中においても輸送のための性能を維持していることを確認する必要がある。この方法については原子力学会の金属キャスク標準[3] に示されている。

《参考文献》

　1) 日本原子力学会：使用済燃料・混合酸化物新燃料・高レベル放射性廃棄物輸送容器の安全設計及び検査基準：2013（AESJ-FC-F006:2013）
　2) 日本原子力学会：使用済燃料・混合酸化物新燃料・高レベル放射性廃棄物・低レベル放射性廃棄物輸送容器定期点検基準：2008（AESJ-SC-F001:2008）
　3) 日本原子力学会：使用済燃料中間貯蔵施設用金属キャスクの安全設計及び検査基準：2021（AEJ-SC-F002:2021）

第9章
品質マネジメントシステム

9.1　核燃料物質等の輸送における品質マネジメントシステム

　品質マネジメントシステムの構築に当たっては、品質だけでなく安全、環境、セキュリティ等からなる要求事項を満足するよう設計されることが必要である。また、その品質マネジメントシステムは、継続的に改善されるべきである。

　IAEA 放射性物質安全輸送規則の助言文書 TS-G-1.4 マネジメントシステムでは、放射性物質輸送に係る全ての活動にマネジメントシステムの適用を求めている。すなわち、輸送物設計の申請者、輸送容器の製造者（下請負契約者を含む）、保守・補修だけでなくその輸送容器を用いた輸送関係者である荷送人、荷受人、輸送物を運送する事業者の活動における品質の維持により主体的に輸送の安全を保証し、輸送の方法によりこれを補完するというIAEA 輸送規則の基本原則から当然の対応である。

　わが国では、設計承認及び容器承認の申請に対して「核燃料物質等の工場又は事業所の外における運搬に係る核燃料輸送物設計承認及び容器承認等に関する申請手続きガイド」に基づき審査が行われる。申請者は、核燃料輸送物設計承認申請書に添付する安全解析書の八章で設計に係る品質マネジメントの基本方針を説明し、容器承認申請書に添付する「輸送容器に係る品質管理の方法等に関する説明書」において、上記申請手続きガイドの別添である「輸送容器の製作の方法に係る品質マネジメント指針」に適合した品質マネジメントシステムを構築していることを説明する。また、海上輸送に関しては、国土交通省海事局通達「危険物船舶運送及び貯蔵規則に基づく放射性輸送物の安全の確認等について」（海査第 592 号）及び「同規則に基づく放射性物質輸送容器及びその使用方法の承認申請にかかわる「輸送容器の製作に係る品質管理に関する説明」について」（海査第 89 号の 2）が発出されており、内容的には輸送容器の製作の方法に係る品質マネジメント指針と同様である。

(1) 輸送容器に係る品質マネジメントについて

　核燃料輸送物設計承認申請書に添付する安全解析書の八章「品質マネジメ

ントの基本方針」で記載する項目及び容器承認申請書に添付する「輸送容器
の製作の方法に関する説明書」で記載すべき申請者及び容器製作者による品
質管理の項目を表9－1に示す。

表9－1　輸送容器に係る品質マネジメントの基本方針

項目	設計承認	容器承認
品質マネジメントシステム	核燃料輸送物の設計、製作、取扱い、保守等全般の品質マネジメントシステムについて説明する。説明には、品質方針並びに品質目標、品質マニュアル及び品質管理計画書の策定についての記載を含めること。 (1) 品質マニュアル (2) 文書管理 (3) 品質記録の管理	同左
申請者の責任	品質に対する最高責任者の責務を含む品質方針を定めること。 品質マネジメントシステム遂行に係る申請者、容器製造者等の組織について責任体制を明らかにした図を用いて記載する。 また、要員及び品質マネジメントシステムの管理責任者について記載する。 申請者の最高責任者による品質マネジメントシステムの評価及び見直しについて記載する。	同左
教育・訓練	設計、製作、取扱い、保守等において品質に影響を与える業務に従事する要員に対する教育及び訓練の計画について記載する。	同左
設計管理	核燃料輸送物の設計が要求事項に適合することを確実にするために実施する設計管理について記載する。	同左
輸送容器の製作発注	次の事項を含めた申請者による輸送容器の製作に係る品質管理方針を記述する。 (1) 容器製造者の評価 (2) 容器製造者への品質マネジメントシステム要求事項 (3) 輸送容器の製作に係る検査及び品質監査による検証	左記に加え、 ・容器製造者の品質管理の措置状況 ・供給者選定基準 ・検査日程管理及び特殊工程の認定
取扱い及び保守	核燃料輸送物の発送前検査、輸送容器の保守の品質管理方針及び輸送容器管理方法について記載する。	
測定、分析及び改善	(1) 内部品質監査 (2) 不適合品の管理 (3) 是正処置及び予防処置	
品質監査結果	－	輸送容器の製作に係る品質監査結果

9.2　輸送に関係する事業者の品質マネジメントシステム

　わが国では、平成 10 年 10 月に発生した日本原燃六ヶ所再処理工場向けの使用済燃料輸送容器の中性子遮蔽用レジン分析データ改ざん問題に鑑み、前節で述べたように、設計承認申請及び容器承認申請の時点において、申請者及び容器製作者並びにその下請負契約者の品質管理に関する仕組みを詳細に審査する制度に改正された。

　これにより、核燃料サイクル関連の核燃料物質等を輸送する加工事業者、荷送人又は荷受人となる原子力発電所を所有する電力会社、核燃料サイクル事業者である日本原燃、これらの事業者から運搬を委託された原燃輸送、これらの各社から輸送容器の設計、製造を受注する製造会社、検査・保守・点検を受注する会社、陸上運搬・海上運送を受託する運送事業者等、輸送に携わる全ての者は適切な品質マネジメントシステムを確立し、実施することが求められている。

　原燃輸送を除いては、これらの各事業者には本来の事業活動があり、輸送はその一部である。各事業者が品質マネジメントシステムの基準としているものは、以下のような規格、基準等である。

- ・　国際標準化機構：ISO9001（JIS Q 9001）品質マネジメントシステム
- ・　日本電気協会：JEAC4111 原子力安全のためのマネジメントシステム規程
- ・　SOLAS 条約：ISM コード（国際安全管理コード）

　ISO9001 は認証制度となっており、第三者認証機関により品質マネジメントシステムに対する認証が事業者に発行される。

　JEAC4111-2021 は原子力利用における安全対策を強化した新検査制度に対応し、原子力規制委員会により新たに制定された品質基準規則を満たすとともに、事業者の自主的安全性向上の推進を目的とした規格である。

　これまで JEAC 4111 では要求事項を規定し、適用ガイドは JEAG 4121 に記載する構成であったが、2021 年版での改定では、基本要求事項、民間自主規格として追加する要求事項、推奨事項に加え、適用ガイド及び関連する解説を第 3 部として記載するという構成上の見直しも行われた。

　また、海上輸送に関しては ISM コードが SOLAS 条約に取り入れられたことにより、2002 年 7 月以降、国際航海に携わる船種（500 総トン以上の貨客船等）に義務的に適用されている。運航会社は本コードを満足する安全管理システム（SMS）を制定し、旗国による検査を受けて適合証書（Document of Compliance）を、また船舶についても安全管理証書（Safety Management Certificate）という条約証書を受け、適合証書の写し及び安全管理証書を船舶に備えている。

　内航船舶は SOLAS 条約の適用の必要がなく ISM コードの適用は求められていないが、国内荷主が安全運航体制の確立を求めている状況も勘案して、国土交通省及び日本海事協会は任意の ISM 規則制定を検討し、「国際航海に従事しない船舶または総トン数 500 トン未満の船舶の安全管理システム規則」（これを「任意 ISM 規則」という）、「ISM コード規定要求事項の解釈」及び「認証基準」を定め、2002 年 8 月から施行している。

　ISM コードの構成は以下のとおりである。

　　(1) 一般
　　(2) 安全及び環境保護の方針
　　(3) 会社の責任及び権限
　　(4) 管理責任者
　　(5) 船長の責任及び権限
　　(6) 経営資源及び要員配置
　　(7) 船内業務
　　(8) 緊急事態への準備
　　(9) 不適合、事故及び危険発生の報告及び解析
　　(10) 船舶及び設備の保守
　　(11) 文書管理
　　(12) 会社による検証、見直し及び評価
　　(13) 証書及び定期的検証
　　(14) 仮証書
　　(15) 検証
　　(16) 証書の書式

核燃料サイクル関連事業者の品質マネジメントシステム準拠基準は表９−２のとおりである。

表９−２　品質マネジメントシステムの準拠基準

事　業　者	基　準	備　考
電力（荷送人、荷受人）	JEAC4111	保安規程
日本原燃（同上）	JEAC4111	保安規程
原燃輸送（運搬を委託された者）	ISO-9001	品質保証規程
フロントエンド事業者	ISO-9001 JEAC4111	
輸送容器製作事業者	ISO-9001	
陸上運搬事業者	ISO-9001	
海上運送事業者	SOLAS-ISMコード	SOLAS強制化 海洋汚染防止も含む
開発・設計・保守事業者	ISO-9001	

略号表

ANSI：American National Standards Institute（米国規格協会）

BAM：Bundesanstalt für Materialforschung und -prüfung（ドイツ連邦材料試験研究所）

BG：background（バックグラウンド）

BWR：Boiling Water Reactor（沸騰水型原子炉）

CEGB：Central Electricity Generating Board（英国中央電力庁）

CETGD：Committee of Experts on the Transport of Dangerous Goods（危険物輸送に関する専門家委員会）

CSI：Criticality Safety Index（臨界安全指数）

DBT：Design Basis Threat（設計基礎脅威）

DPC：Dual Purpose Cask（兼用キャスク（輸送・貯蔵））

dps：disintegration per second（壊変数／秒）

ECOSOC：Economic and Social Council（経済社会理事会）

HLW：High Level Radioactive Waste（高レベル放射性廃棄物）

IAEA：International Atomic Energy Agency（国際原子力機関）

IATA：International Air Transport Association（国際航空輸送協会）

ICAO：International Civil Aviation Organization（国際民間航空機関）

ICRP：International Committee for Radiation Protection（国際放射線防護委員会）

ICRU：International Committee for Radiation Unit（国際放射線単位委員会）

IMDG Code：International Maritime Dangerous Goods Code（国際海上危険物規程）

IMO：International Maritime Organization（国際海事機関）

ISM Code：International Safety Management Code（国際安全管理コード）

ISO：International Standardization Organization（国際標準化機構）

JAEA：Japan Atomic Energy Agency（日本原子力研究開発機構）

JEAC：Japan Electric Association Code（日本電気協会技術規程）

JEAG：Japan Electric Association Guide（日本電気協会技術指針）

JIS：Japan Industry Standard（日本工業規格）

LANL：Los Alamos National Laboratory（米国ロス・アラモス国立研究所）

LET：linear energy transfer（線エネルギー付与）

LLW：Low Level Radioactive Waste（低レベル放射性廃棄物）

LWR：Light Water Reactor（軽水炉）

LSA：Low Specific Activity（低比放射能）

MOX：Mixed Oxide（混合酸化物）

NRC：Nuclear Regulatory Commission（米国原子力規制委員会）

ORNL：Oak Ridge National Laboratory（米国オーク・リッジ国立研究所）

OTIF：Intergovernmental Organisation for International Carriage by Rail（国際鉄道輸送に関する国際組織）

PATRAM：The International Symposium on Packaging and Transport of Radioactive Materials（放射性物質輸送容器及び輸送に関する国際シンポジウム）

PWR：Pressurized Water Reactor（加圧水型原子炉）

RI：Radioisotope（放射性同位元素）

SCO：Surface Contaminated Object（表面汚染物）

SG：Steam Generator（蒸気発生器）

SNL：Sandia National Laboratory（米国サンディア国立研究所）

SOLAS：The International Convention for the Safety of Life at Sea（海上人命安全条約）

TI：Transport Index（輸送指数）

TRU：Transuranic（超ウラン元素）

著者略歴

監修
有冨　正憲

1977 年	東京工業大学理工学研究科原子核専攻博士 課程修了　工学博士
1997 年	同大学原子炉工学研究所教授
2007 年	同大学原子炉工学研究所長
2013 年	同大学名誉教授 現 先端技術・人材育成発生機構代表理事

著者
木倉　宏成

1992 年	慶応義塾大学機械工学専攻博士課程修了 工学博士
1998 年	東京工業大学原子炉工学研究所助手
2009 年	同准教授

高橋　秀治

2011 年	東京工業大学大学院理工学研究科原子核工学 専攻博士課程修了、博士（工学）
2017 年	東京工業大学科学技術創成研究院特任助教
2019 年	東京工業大学科学技術創成研究院助教

尾嵜　進

1973 年	名古屋大学工学部原子核工学科卒業 日立造船（株）入社
1987 年	（株）オー・シー・エル入社
2018 年	東京工業大学原子炉工学研究所研究員

広瀬　誠

1972 年	早稲田大学理工学部機械工学科卒業
	三井造船 (株) 入社
2002 年	原燃輸送（株）入社
2013 年	東京工業大学原子炉工学研究所研究員

亘　真澄

1989 年	東京工業大学原子核工学専攻修士課程修了
	（財）電力中央研究所入所
	現 サステナブルシステム研究本部上席研究員

溝渕　博紀

1996 年	大阪大学工学部原子力工学専攻修士課程
	修了、原子燃料工業（株）入社
2005 年	（株）オー・シー・エル入社
	現 取締役 エンジニアリングセンター長

高月　英毅

1996 年	神戸商船大学動力システム工学専攻修了
	原燃輸送（株）入社
	現 六ヶ所事業所輸送部長

徹底解説　核燃料物質輸送 －基礎から実務まで－

2022 年 10 月 16 日　　　　　初版　第 1 刷発行

監　　　修　有冨　正憲

著　　　者　木倉 宏成・高橋 秀治・尾嵜 進・広瀬 誠・亘 真澄・
　　　　　　溝渕 博紀・高月 英毅

発 行 人　長田　高

発 行 所　株式会社 ERC 出版

　　　　　〒 107-0052　東京都港区赤坂 2 丁目 9-5　松屋ビル 5F

　　　　　電話　03-6230-9273　　　振替　00110-7-553669

印刷製本　芝サン陽印刷株式会社　　　東京都江東区佐賀 1 -18-10

ISBN978-4-900622-69-2